U0026074

高效清潔收納術

潔客幫親授打掃技巧

step by step 照著步驟做，輕鬆打掃不費力

潔客幫 著

目錄

FOREWORD

前言

隨著雙薪家庭增加，現代人工作愈來愈忙碌，家事這件看似不難的事情在現今社會上愈來愈被重視，我們常常看到，爸爸或媽媽已經被工作壓得快喘不過氣，卻還要照顧好小朋友，每天能做家事的時間愈來愈有限，久而久之，廁所開始滋生霉斑、水垢，廚房油垢厚了，甚至每天睡覺的房間也被衣服堆到沒有走路的地方！

家事這件事情還是避不掉的，有人乾脆直接請到府清潔公司來處理，有人下定決心在某天把全家大小呼喚起來一起動手。然而，平常若疏於維持日常家務，一次要處理的量實在是非常大，加上因為缺少頻繁地練習家事技巧，所以做起來效率也不理想，自然而然對做家事這件事情就變成負面循環。如果我們能夠提早學習到一些實用的技巧，並且在上手幾次後就看到做家事的顯著效果，那麼很快就會進入正向循環，家事這件事情就會愈來愈輕鬆，不再成為「負擔」。

潔客幫是台灣首創用App預約到府家事清潔人員的平台，於大台北、基隆、桃園、新竹、台中、高雄、台南提供居家清潔預約，全台共計600多位家事服務人員，同時也提供其他清潔服務如：洗衣機清洗、冷氣機清洗、除塵、裝潢後清潔等等，本書便是潔客幫將過往的豐富經驗，經過整理、系統化之後，傳授給讀者快速習得實用的家事技巧。

一個有品質的居家生活，常常伴隨著整潔的居家環境。如何快速整理房間、如何挑選好用的清潔用品、如何靠收納來節省居家空間等等，透過本書裡的實用經驗與技巧可幫助讀者從現在開始，以專家的經驗來看待家事，更深入了解，做家事不再困難。

潔客幫

幫助你「更輕鬆」打掃的5大原則

擺脫打掃收納等於辛苦的刻板印象，
只要遵循打掃原則進行打掃工作，
便可掃得輕鬆，住得舒適。

Rule 01

由裡清到外，避免重複打掃浪費時間

有條理地進行打掃工作，才能讓打掃既乾淨又有效率，多數人最容易犯下一個地方掃了又變髒，導致同一個區域重複打掃的錯誤，因此在打掃時，應依循打掃區由裡到外的先後順序，從房間開始，依序再向外延伸到公共空間，按照順序打掃完畢後，廁所、陽台等這類經常性使用或者堆放清潔工具的地方，則留待最後再做整理。

Rule 02

由上到下

為了減少重複性打掃，同時方便統一集中垃圾一次掃乾淨，打掃可從高處開始，先將位於高處如：冷氣、吊燈、櫥櫃頂部等地方的灰塵、垃圾清乾淨，接著再往下進行中段位置的櫥櫃內部、檯面、家具等區域的清潔動作，按照這樣的順序打掃，垃圾便會統一集中落在地板，最後做好地板清潔，便可有效率完成打掃工作。

Rule 03

由左至右，右至左

打掃整理最怕漏東漏西掃不乾淨，最好的方式，便是打掃與最後的檢查工作順序互相對調。進行打掃時可採順時針或逆時針，由左至右或右至左依序清潔，如此一來可避免看到東西就整理，跳來跳去容易漏掉；最後檢查時則採反方向做檢查，若是由左至右打掃，檢查時就要由右至左，這樣可有效避免因視覺盲點而有疏漏。

Rule 04

先泡後洗，先敷後洗

汙垢堆積已久或者汙垢較厚，在第一時間刷洗，不只無法立刻去除，也會耗費很大的力氣，針對汙垢較厚重的廚房、廁所區域，應採取先敷後洗或先泡後洗的方式，藉由敷或泡的動作，讓清潔劑滲透汙垢，之後再做刷洗清潔，會比起強力刷洗來得更加輕鬆，效果也比較好。

Rule 05

先乾後濕

打掃區域注重先後順序，在清潔過程中先後順序同樣重要。清潔堆積灰塵的區域或家電時，切記不要急著用濕抹布擦拭灰塵，因為濕抹布無法一次擦乾淨，也會導致灰塵沾染愈擦愈髒，或是大量灰塵直接沖洗堵住排水孔，最好的清潔方式，應該是先乾清灰塵，將大部份灰塵清除之後再做濕洗或濕擦。

無壓收納4大原則

想要收得乾淨其實並不難，
做對以下原則與收納順序，就能沒有壓力，
又有效率地完成居家收納。

Rule 01

檢查

大多數人最易容犯下的問題，就是大量屯積用不到、或者以為可能會用到的物品，於是隨著時間累積，東西不只愈來愈多，最後可能導致缺乏收納的空間，或讓人無法提起收納的欲望。因此想要做好居家收納，建議先將家裡的物品做一次全面檢查，從中挑出確認已經用不到、不要的物品，並把這些物品丟棄、捐出或者回收，最好可以每隔一段時間就做一次檢查，藉此慢慢改變堆積物品的習慣。

Rule 02

分類

東西收起來之後，經常發生要用的時候找不到，或者為了拿其中一樣東西，把原來整理好的東西弄亂，只好重新再整理，為了避免不斷重複收納，可先將物品做出分類，在分門別類之後，再來決定收納方式與區域。

以下為分類建議：

1. 每日物品：每天都會用到的物品，例如：

化妝品、保養品、充電器等。
2. 常用物品：時常使用但不是每日使用，例如：指甲剪、面膜等。
3. 偶爾物品：偶爾會使用到的物品，例如：護照、備用資料等。
4. 紀念物品：純粹為了紀念而保存的物品，使用性低。

Rule 03

收納

將物品做完分類後，接著就應該將物品收整定位，想要收得整齊，就要先根據物品的分類決定收納區域，如此才能收得整齊，同時又會不影響到使用上的便利性。以下為收納的建議：

1. 每日物品：每日都會使用到的物品，可放置於可隨手取得的收納櫃、開放櫃或開放層板。
2. 常用物品：可放於抽屜櫃或櫥櫃，同類型物品可放置在同一櫃，例如：指甲刀、指甲剪、搓刀可放置同一區。
3. 偶爾物品：可放置於高處的深櫃，甚至可搭配收納箱來做整合。
4. 紀念物品：可收在展示櫃或收納箱。

Rule 04

清潔

把要收納的物品整理完畢後，接下再來進行清潔的動作，如此才能不遺漏地清除整理過程中可能產生的灰塵、碎屑，至於紀念品或飾品，可在簡單擦拭清潔過後，再來進行擺設。

選對清潔道具，打掃變輕鬆

雖說打掃免不了要辛苦勞動，但挑對清潔道具，就能有效縮短打掃時間，同樣達到期待中的清潔效果。清潔工作不能不做，但想要輕鬆、愉快地做好，不如先從認識、學會挑選清潔道具開始吧。

Part. 1

抹布

清潔打掃時，抹布的使用頻率最高，也是每個區域都會用到的清潔工具，但相信有不少人，為了市面上各種不同種類與功能的抹布傷透腦筋，到底這些抹布有什麼差別？以下就幾種常見種類做解析，幫助大家選擇適合的抹布。

KEY 1 材質不同，功能也不同，確認好清潔區域再做選擇，才能事半功倍。

KEY 2 以花色、顏色區分出使用區域及汙垢輕重區。

KEY 3 新抹布使用前先用清水搓洗後擰乾曬太陽，洗掉灰塵棉絮，也藉此洗開纖維，讓吸水跟擰乾的效果更好。

TOOLS

1 棉紗抹布

棉紗抹布是由裡面的棉布與外面格狀的紗布兩種材質縫在一起，棉吸水、紗快乾，因此棉紗抹布吸水性強又快乾，適用易潮濕的流理檯，選購時留意棉紗比例，棉多吸水力較好較厚實，紗多比較快乾。棉紗抹布用久泛黃是正常現象，可浸泡在稀釋的肥皂水或漂白水約15～20分鐘，再做搓洗擰乾即可。

2 晶亮抹布

晶亮抹布兩面織法不同，使用功能也略有不同，一面為波浪紋，紋路較寬，適合用來清潔髒汙，另一面紋路較為細密，適合用來擦拭拋光物品表面，像是鏡子、玻璃、鏡面等材質的家電，或是亮面木地板、家具表面，都適合使用晶亮抹布擦拭。

3 長毛絨抹布

由複合型纖維材質組合而成，特色為布面柔軟具有彈性，不易刮傷物品表面，也不易掉毛屑，好擰且易乾，其長毛絨為除塵材質，乾用可清除灰塵，沾濕可做為居家清潔擦拭使用。

4 德國抹布

德國抹布以不織布製成，吸水力強、材質細且不易有棉絮、不易刮傷材質，耐用度高於傳統抹布，適用於擦拭廚房、浴室地面、檯面水漬，或用來擦乾碗盤，不適用於清潔油膩，因為德國抹布不適合以熱水沖洗，且不可用力揉洗以免變形，因此抹布上的油汙不易去除，這類抹布也容易沾黏灰塵和毛髮，最好視清潔區域選用。

5 超細纖維抹布

俗稱「魔布」，菌菇狀立體編織易吸水、吸油，特色是能剷起油汙，不需使用清潔劑就具去油效果，乾濕皆可使用，適用於清潔油膩的瓦斯爐及排油煙機。吸水性強但不如棉紗抹布快乾，特殊織法雖增加去汙力，但塵土容易卡在抹布上，沖洗時要搓洗乾淨，市面上分為單層及雙層車縫，雙層車縫吸水、吸油力更佳。

6 油切布

採用嫘縈材質質感柔軟，常用於清理廚房油汙，耐久、防臭、易洗、吸水性好，去汙力強，適合清理擔心刮傷的高級石材檯面、晶瓷表面的瓦斯爐檯面油汙。油切布壽命比一般棉質抹布壽命更高，一條油切布可重複洗滌1000次以上。

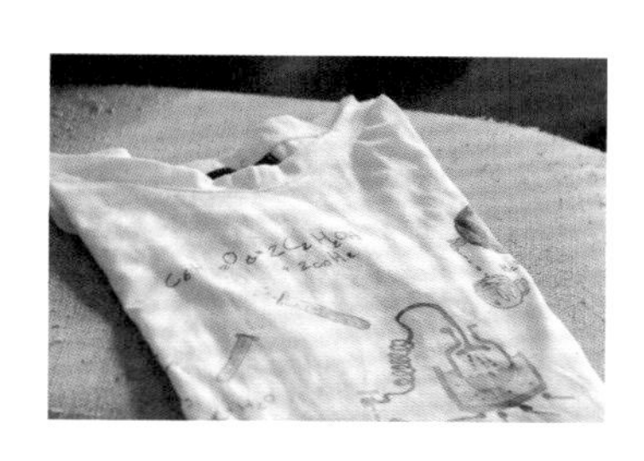

7 自製抹布

回收淘汰的毛巾、衣物是省錢又環保的做法，只要裁剪成適當大小，就可以拿來當作抹布，不過自製抹布時需注意以下幾個小地方。

淘汰衣物：取淘汰的T恤或衣褲製作抹布，要先查看衣物標示，建議使用100%純棉衣物，吸水性好也不易殘留棉絮或留下刮痕。

舊毛巾：容易殘留棉絮，乾燥情況下使用，易在擦式過程中產生刮痕；比較厚的毛巾則會因為不易擰乾，而留下水痕。

【抹布濕度】打掃清潔時抹布通常可分為 3 種濕度。

抹布狀態	判斷	適用
偏乾	顏色較淺、有擰抹布的痕跡、重量輕。	不希望因水分過多而造成損壞或發生危險。 適用區域：檯面、家具、家電、地板。
中等濕	顏色較深、抹布平順、重量重、不會滴水。	適合搭配刮刀使用，可避免因水分太少刮刀無法發揮最大清潔效果，且損壞刮刀膠條。 適用用區域：玻璃、鏡面。
偏濕	顏色最深、抹布厚重、會滴水。	通常用於清洗汙垢較重的區域，如：紗窗溝槽、水龍頭等，或是以抹布代替海綿、菜瓜布清洗物品。

菜瓜布

面對琳琅滿目、不同品牌、各自標榜不同功能的菜瓜布，相信不少人都會感到困惑。其實種類雖多，但只要了解不同材質適合刷洗不同物品，在一開始針對清洗物品材質先做了解，便可刷得輕鬆，也不會在過程中刷出刮痕。

KEY 1　可從菜瓜布「纖維容不容易脫落」看出好壞，將兩塊菜瓜布互相摩擦，容易掉屑的菜瓜布就不建議購買。

KEY 2　注意印在菜瓜布上的顏色、圖案是否為合格染料，因染料中可能含有鉻與鉛等重金屬，甚至可能有致癌物質。

KEY 3　菜瓜布剪一半，更符合手掌大小，握起來方便，也比較能深入碗盤、杯子內部清洗。

TOOLS

1 海綿菜瓜布

海綿菜瓜布又稱綠色菜瓜布，通常為一面黃色一面綠色，是最常見的菜瓜布種類。綠色菜瓜布含有金鋼砂，表面較為粗糙，適用於汙垢較厚的地方，清潔力好但破壞力也強，若使用在餐具或平滑面上容易產生刮痕，黃色海棉部分較細緻易起泡吸水，刷洗時可提供泡沫與水分。

2 細緻海綿菜瓜布

細緻海綿菜瓜布又稱網狀海綿，通常是一面黃色一面白色，表面較為細緻，常用於刷洗害怕刮傷的玻璃器皿或是塑膠餐具。另外亦有針對鍋具使用的細緻海綿菜瓜布，常見為一面淺藍一面深藍，菜瓜布面不含金鋼砂所以不易刮傷，適用於不沾鍋、康寧鍋等鍋具。

3 過濾綿

原本較常被用於清洗魚缸過濾器的過濾綿，因質地柔軟，所以也很適合拿來刷洗一些光滑面的物品、家具，而且價格不貴，因此若在擦拭後過於髒汙，可當成拋棄式海綿用完即丟。

4 木漿海綿菜瓜布

以木漿製作的薄型海綿，特色是吸水力強、質地柔軟，可深入髒汙死角，適合用來清潔無重油汙的物品與區域，不過因為吸水力強，所以使用完後，要將多餘的水分擰乾放置通風處，避免黴菌滋生，同時避免日曬或長期使用，以免菜瓜布脆化、變形。

5 淡棕色菜瓜布

質地柔軟，不會留下刮痕，有時候會和海綿材質結合，可放心用來清潔碗盤。不過要注意，有些鍋具專用的菜瓜布雖然也是棕色，但多是深棕色，所以選購時要看清楚不要搞混。

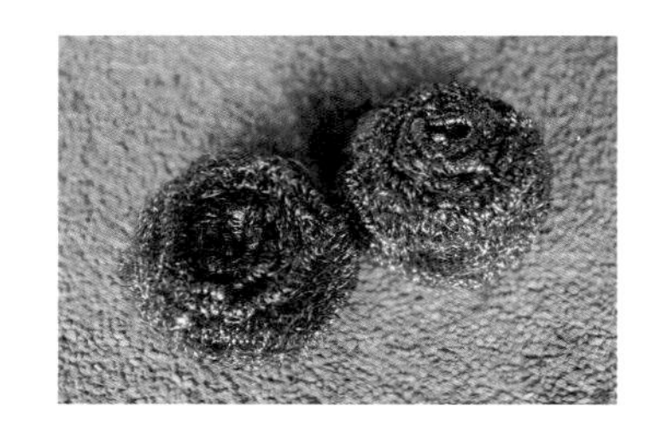

6 鋼刷

鋼刷含有高密度金鋼砂，適用於耐刷洗材質與重汙垢情況，如鐵盤、烤肉架、瓦斯爐鐵架，或是鐵門、鐵窗的鐵鏽和陳年鏽垢，但製作素材多來自工廠鐵廢料，因此有些鋼刷含有大量鎳與鉛等重金屬，最好盡量用來刷外鍋就好，使用完也要仔細沖洗乾淨。

7 科技海綿

科技海綿的成分是美耐皿，透過摩擦原理帶走附著的髒汙，因此不需搭配清潔劑，便可強力快速去汙，但會根據使用次數愈多變得愈來愈小。形狀容易改變，適合隙縫黑垢、水垢的清潔，但不適用於清潔餐具，且雖無毒、無害，但拿來洗餐具的話一定要沖洗乾淨。

8 綠色菜瓜布

海綿菜瓜布其中一面，經常看到單獨薄薄一片的綠色菜瓜布。含金剛砂成分，清潔效果好，但不建議刷洗怕刮傷的碗盤瓷器，刮傷後容易滋生細菌，也不美觀，建議用來清潔鍋具即可。

TIPS

粗糙程度　細 ←→ 粗

顏色　淺 ←→ 深

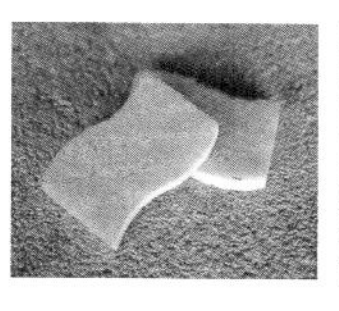

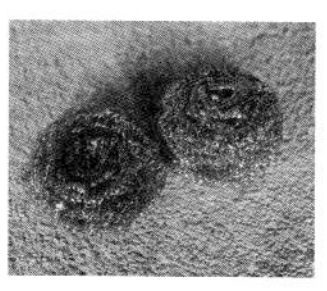

金剛砂含量愈高，刮除強度也就愈大，但如何判斷菜瓜布含金剛砂比例多寡？很簡單，只要以肉眼、觸感便可清楚做出區別，一般菜瓜布顏色愈深，質感就愈硬、愈粗，也表示金剛砂含量愈高。在選購菜瓜布時，以此為標準，再依據刷洗物品，從顏色與觸感做出適當的挑選。

刷具

當汙垢過於厚重，無法以菜瓜布等工具刷去時，此時就要用清潔力強的刷具來進行刷洗。不過根據刷具的不同，著重的功能也有差異，最好事先確認清潔區域及汙垢輕重，如此才能選出適合好用的刷具。

KEY 1 刷毛可分為軟毛與硬毛，硬毛適合可用力刷洗的區域，軟毛則適合不宜過度刷洗的地方。

KEY 2 刷子的挑選要特別注意對應物品材質，避免清潔時造成物品損傷。

KEY 3 以清灰塵功能為主的刷子，使用時應先乾清灰塵，之後再做濕洗或濕擦，讓清潔更有效率。

TOOLS

1 長柄硬毛刷

長柄硬毛刷，常用於刷洗大範圍，例如廁所、廚房地板或是陽台地板，適用材質以一般地磚或是水泥地為主，不適用於亮面光滑面或是油漆材質，因用力刷洗會造成表面刮痕。

2 洗衣刷

洗衣刷不只可以刷洗衣服，也可刷洗抹布或拖把布，只要邊刷邊以活水沖洗，就可刷洗掉沾染的灰塵、毛屑，刷洗時注意刷毛不可過於傾斜，以免回黏或傷到抹布纖維；適用於小範圍地面、牆面或磁磚縫，因刷毛材質與長柄硬毛刷相似，故亮面、光滑面或是油漆材質皆不適用。

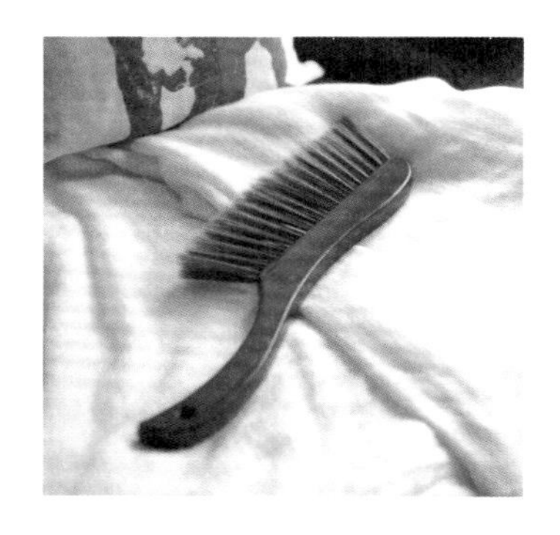

3 短柄軟毛刷

短柄軟毛刷基本上可做乾濕兩用，不過乾濕功用不一樣。乾用時一般多是用來清除灰塵，濕用時則可以大範圍做刷洗，刷毛比硬毛刷軟，所以一般居家空間清潔都很適用。

4 窗溝刷

窗溝刷是專門為窗溝所設計的刷具，刷毛部分可清理窗溝灰塵，背後的小勺子可集中灰塵，堆成小土堆後鏟起來丟掉，清理塵土灰塵時記得保持刷毛乾燥，以免灰塵結顆粒沾黏。

5 縫隙刷

縫隙刷外型略呈扁平，刷頭尺寸也比較小，可用來刷洗窗戶溝縫，也適合用來刷洗磁磚縫隙與凹槽，另外像是鍵盤這種縫隙較多的家用品，利用縫隙刷刷除灰塵也有不錯的效果。

6 瓦斯爐鋼刷

瓦斯爐鋼刷的刷條是由密布捲曲的不鏽鋼絲構成，可以針對瓦斯爐嘴（注意不要刷到瓦斯爐檯面）長久使用下來的汙垢做清理，保持爐嘴暢通，避免因燃燒不完全而產生意外。一般市面上瓦斯爐鋼刷會另外附贈尖錐戳刀，可用於清理瓦斯爐嘴、瓦斯爐洞口上難以去除的焦垢。

7 牙刷

家中汰換的牙刷，可回收拿來做為居家清潔使用。由於刷頭小，刷毛較為柔軟，因此適合拿來清除縫隙處的汙垢，又或者是用於刷洗水龍頭、洗手槽、馬桶、瓦斯爐、抽油煙機濾網、排水孔、電風扇扇殼等。

8 油漆刷

油漆刷刷毛細軟常用來清理灰塵，尤其是怕材質刮傷，其他硬毛刷無法使用的地方，例如紗窗、玻璃、電風扇、廁所抽風機等，油漆刷使用完時，需盡量維持乾燥，因為刷毛柔軟，一旦沾濕有水分便容易沾黏灰塵，保持乾燥也可避免刷具上的鐵片碰水生鏽。

除塵

平時若有固定做清潔打掃，家中並不會過於髒亂，但唯一比較無法避免的就是灰塵的堆積。不過現在市面上針對灰塵清除，有許多好用又簡易的工具，因此挑選原則可按自己使用習慣做挑選即可。

TOOLS

KEY 1 拋棄式除塵撢使用至一定程度時要做更換，以免影響除塵效果。

KEY 2 即將除塵的區域，記得保持乾燥，避免有水分殘留，讓除塵效果打折，而且愈除愈髒。

KEY 3 可重複使用多次的除塵撢，使用完時也要定時做清潔，這樣才能延長使用期限，並維持除塵效果。

1 可重複使用除塵撢

除塵撢為超細纖維，可吸附灰塵，髒了也可清洗重複使用。清洗時注意避免使用漂白水，以免刷毛變硬，清洗後擰乾吊掛，等待全乾後再做使用，可不定時在清洗後放至能曬到陽光的地方，避免除塵撢吸附過多濕氣影響除塵效果。

2 拋棄式除塵撢

拋棄式除塵撢，用完即丟，因此如果不想重複使用或不想清洗，可考慮選用拋棄式除塵撢，一般多是購買盒裝補充包，使用前可將未使用過的除塵撢，以手指將毛刮蓬再使用，這樣集塵效果比較好。

TIPS

除塵撢的使用以先乾後濕為概念，家具、檯面、3C用品、家電、隙縫等都可使用，通常是先將灰塵除去後再以抹布濕擦，避免堆滿灰塵時直接用濕抹布擦拭，反而灰塵更容易沾黏，需來回擦拭更多次。

掃把

掃把主要是用來清掃家中灰塵、碎屑，然而除了掃把本身材質，不同的地板材質，亦會影響到掃把的清潔效果。因此，在挑選掃把時，除了掃把材質種類的挑選，最好思考一下家裡是哪種地板，如此才能選對適合又好用的掃把。

KEY 1 掃把雖是用來清掃灰塵、毛屑，但使用完畢要記得隨手清潔，以維持使用壽命。

KEY 2 馬毛掃把適合乾用，盡量不要沾水，以免沾黏灰塵、碎屑，影響清潔效果。

KEY 3 最好選擇可調整把手長短的類型，如此才能配合身高做調整，避免過長過短都不好用。

TOOLS

1 馬毛掃把

馬毛掃把毛短有彈性省力好掃，適用於一般居家環境地板清掃，尤其針對易卡碎屑的小地磚地板，磁磚縫多效果也好，亦可拿來清除高處牆角的蜘蛛網等。

2 彈力掃把

彈力掃把可乾濕兩用，掃把底部為實心所以乾用時集塵效果好，灰塵、寵物毛髮、頭髮等，都相當易於清掃，但不適合用於磚縫多的小磁磚地面；濕用可做為刮水收乾用，桿子拆下後，掃把頭可單獨拿在手上刮除牆面水分。

3 塑膠掃把

小時候最常見的掃把，通常是塑膠刷毛，刷毛較堅硬，優點是購買容易，價格便宜，塑膠刷毛材質具防水特性，缺點是掃地時會揚起灰塵，且掃把刷毛易附著灰塵、毛髮，刷毛會有脫落現象，使用期限不長。

拖把

雖說目前市面上有很多不同功能的拖把，但想挑到一個好用的拖把，輕鬆、省時地做好地板清潔，應以家中髒汙狀況、地板材質，以及個人使用習慣做為挑選原則，避免被過於誇張的功能吸引，而選到不適用的拖把。

KEY 1 乾濕使用要分開，最好連清潔區域也要做區隔。

KEY 2 拖把也怕產生異味或沒洗乾淨，因此最好在使用完畢後，立刻清洗拖把頭，避免產生異味。

KEY 3 應根據不同拖把頭材質，以正確的方式清洗、曬乾，以免損壞或影響清潔效果。

TOOLS

1 平板拖把

平板拖把會以魔鬼氈黏附平板拖把布，平板拖把好拆解，不管是攜帶或收納都方便，且使用範圍廣，除了地板還可用來清潔天花板、牆面、牆角、高處玻璃等區域。

2 膠棉拖把

膠棉拖把因為拖把頭為海綿所以吸水力強，通常用於水量多或潮濕的地面，比較不適合用來清潔縫隙死角灰塵，使用時要留意將海棉清洗乾淨，去除多餘水分後，要放置在通風處陰乾，避免陽光直射過度曝曬，讓膠棉產生脆化裂痕現象。

3 好神拖

好神拖通常會搭配清洗拖把的脫水桶，清洗拖把免沾手更快速方便，拖把頭可旋轉設計，因此不用擔心牆角隙縫、側面櫥櫃隙縫等地方清潔不到，適用於一般居家環境清潔或大面積拖地。

清潔保養

好的清潔道具，不只能可以加強清潔效果，也會讓打掃變得輕鬆，但使用完畢後，多數人沒有立刻清潔的習慣，如此一來，在長時間使用下不只影響清潔效果，也會減短使用年限，因此學會正確的清潔保養方式相當重要。

KEY 1 使用完畢後，最好在第一時間就做清潔，不只比較省力，效果也比較明顯。

KEY 2 清潔完畢後，要特別注意不同道具的晾乾方式，避免過度曝曬造成損壞。

KEY 3 若是髒汙較重，可適當搭配清潔劑、刷具，加強清潔效果。

TOOLS

1 抹布的清潔

抹布在清潔打掃時使用率最高，不管哪種材質的抹布，用久難免產生異味，為了避免異味產生，在使用完抹布時，最好能隨手立刻做清潔。洗滌方式並不難，只要將洗碗精、香皂、洗手乳或不用的沐浴乳、洗髮乳，適量倒入抹布後再做搓洗即可，沾有灰塵、毛屑等垃圾，可搭配刷具做刷洗，若是帶有油膩感的抹布，灑上適量小蘇打粉後搓洗，以活水沖洗乾淨就可以了，最後記得抹布洗完，要確實擰乾晾至通風的地方曬乾。

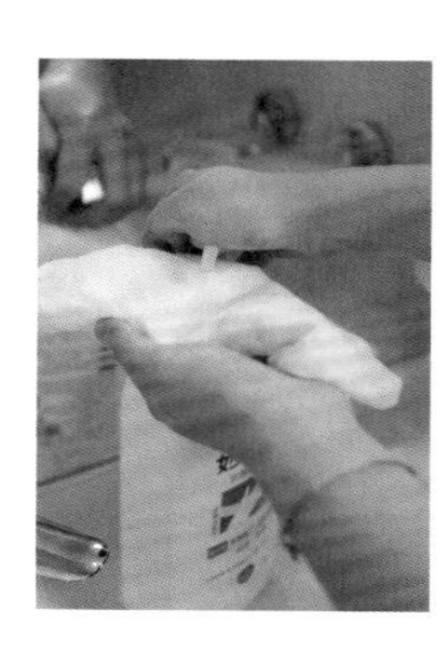

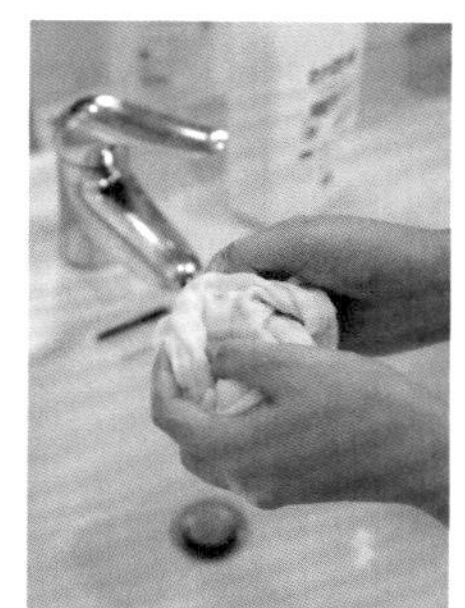

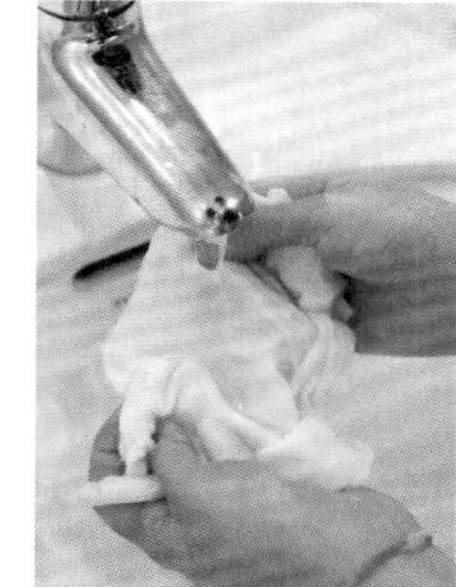

2 菜瓜布的清潔

經常用來刷洗髒汙，甚至會用來刷厚重汙垢的菜瓜布，用久了最怕的就是滋生細菌，但菜瓜布並不像抹布可以搓洗，因此清潔的方法是將菜瓜布丟入熱水煮約30分鐘，如此不只可以達到清潔效果，還可以藉此進行殺菌。

3 掃把的清潔

掃把的功能就是掃除地板毛屑、灰塵，也因此垃圾最容易卡在馬毛掃把的刷毛裡，所以馬毛掃把在清潔時，要先以刷具將卡在刷毛裡的碎屑、毛髮清除，之後刷具再搭配洗碗精、香皂、洗手乳等溫和洗劑，沾濕後順毛刷洗，最後清水沖乾淨，以抹布擦拭後陰乾；最近幾年流行的彈力掃把，沒有刷毛問題，因此只要將掃把頭的垃圾以衛生紙捏除，之後以清水沖洗、抹布擦拭，然後自然陰乾即可，避免使用清潔劑，也盡避免陽光直曬以免造成損壞。

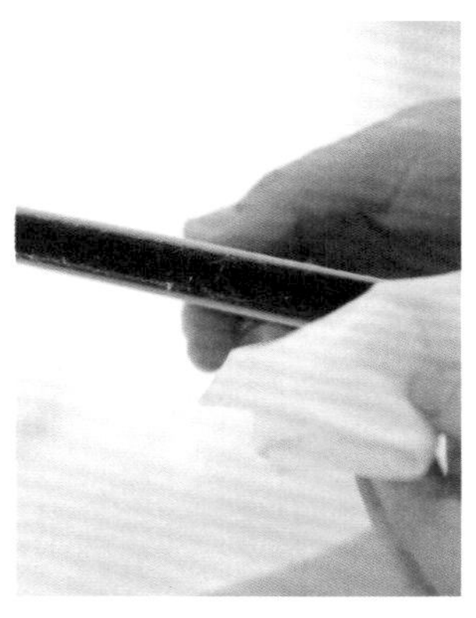

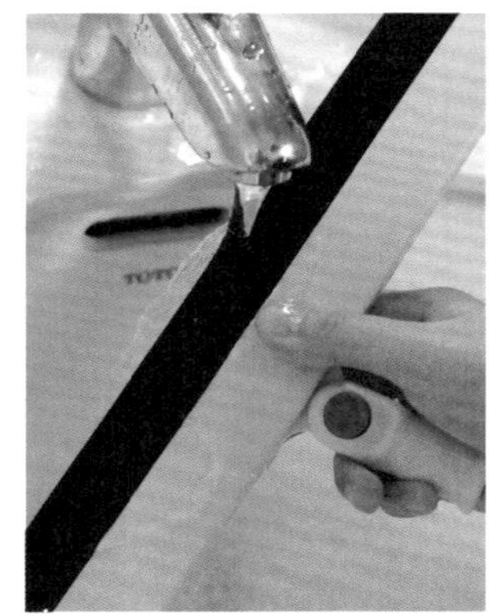

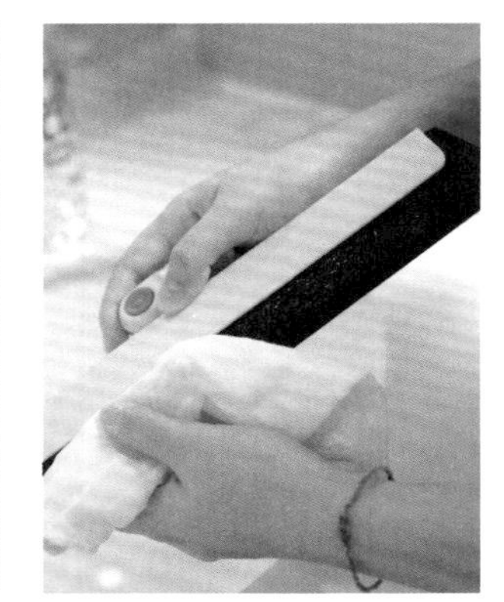

4 油漆刷的清潔

油漆刷主要用來清除灰塵，用久了刷毛不只會髒，也容易卡毛髮，因此建議定期以清水清洗，清洗好了之後，務必盡量擦乾水分，並手把朝上刷毛朝下吊掛，讓水分可以順勢往下流，有利於乾燥後刷毛的柔順，也可避免水積在鐵片區造成生鏽，另外清洗完的油漆刷可適度曝曬在陽光下，如此可讓刷毛變得鬆軟柔順，並延長使用壽命。

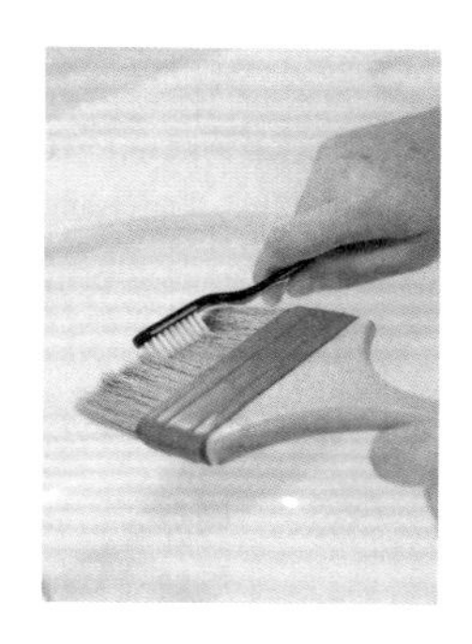

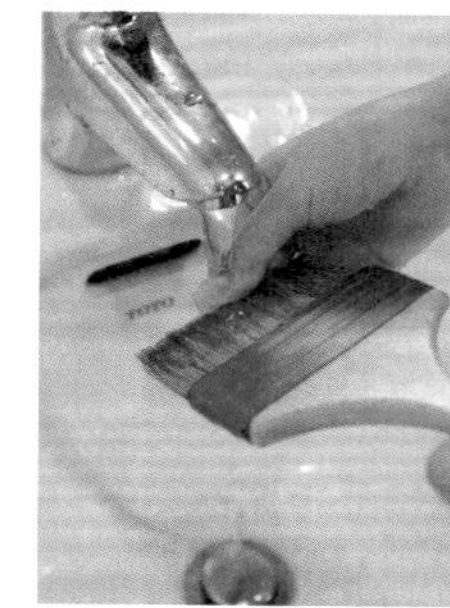

5 拖把的清潔

拖把布跟抹布一樣最怕產生異味或是沒洗乾淨，在使用完畢最好立刻做清洗，清洗方式與抹布差不多，在拖把頭上倒入適量的洗碗精、香皂、洗手乳或不用的沐浴乳、洗髮乳，然後做搓洗，若想除去灰塵、毛屑可搭配刷具刷洗，最後再以活水沖洗乾淨，然後確實擰乾晾至通風的地方即可。

COLUMN ①

HOMEMADE
自製打掃工具

用買的清潔道具，不一定最好用，有時利用身邊常見，或準備丟棄的東西，簡單再做一點加工，就可以做出讓人意想不到、好用的清潔道具。

絲襪小掃把

每個女生多少都有穿壞的絲襪，這時先別急著丟，因為絲襪的材質，可是相當好用的清潔用品。

素材

破掉的絲襪、橡皮筋

作法

① 把絲襪頭尾剪掉，取其中二段。

② 取好的長度兩邊剪成鬚鬚。

③ 將剪好鬚鬚的二段絲襪重疊再對摺。

④ 絲襪捲起來，捲好用橡皮筋束好。

⑤ 最後再將鬚鬚長度修齊並微整型一下，即成為好用的小掃把。

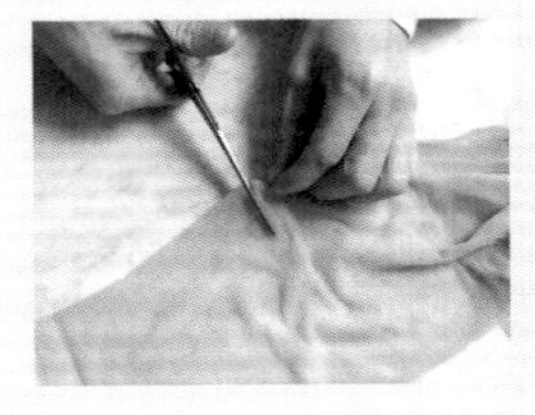
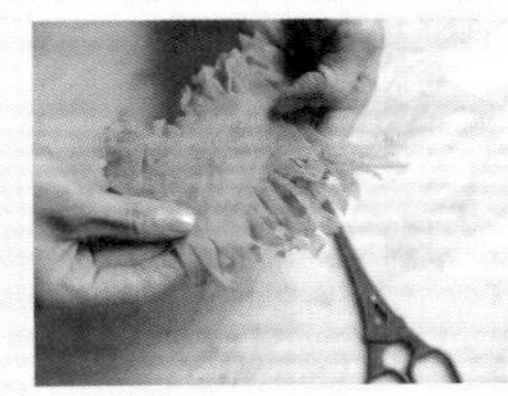
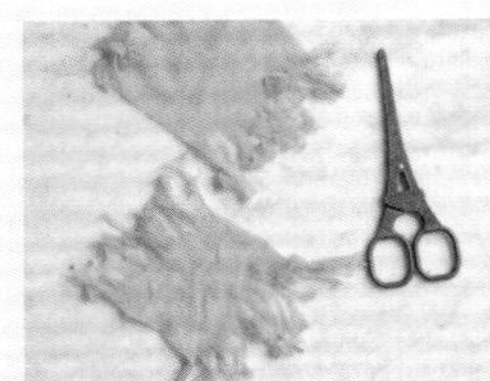
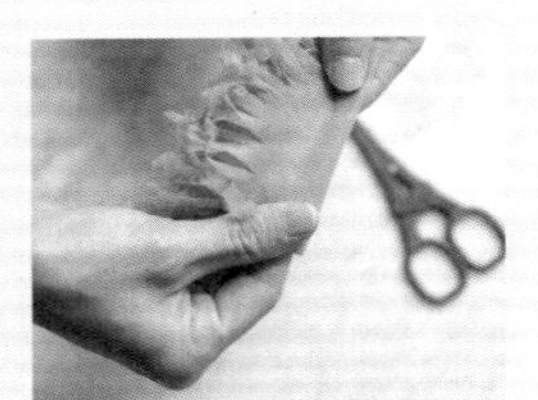
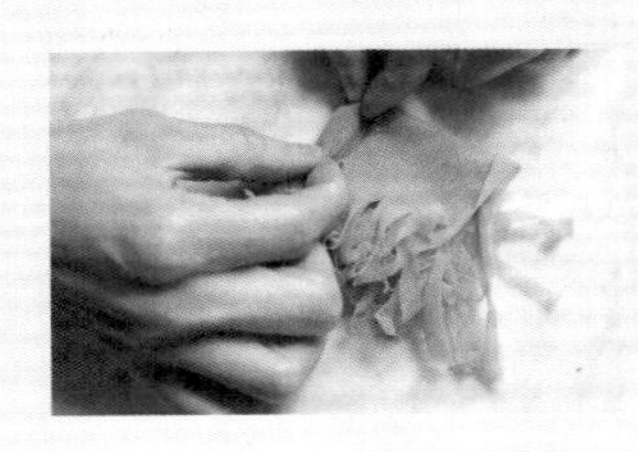
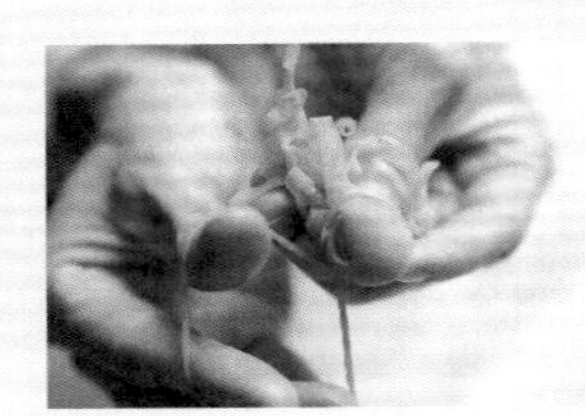
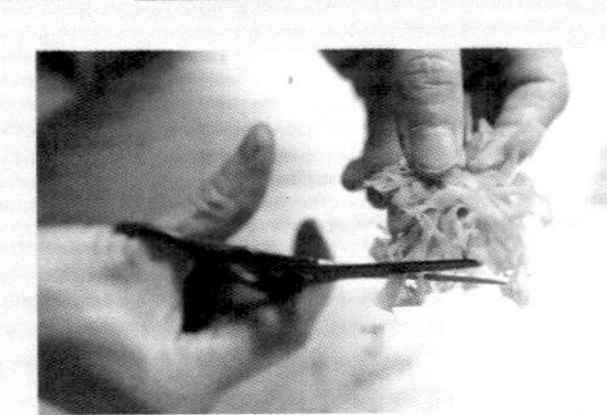

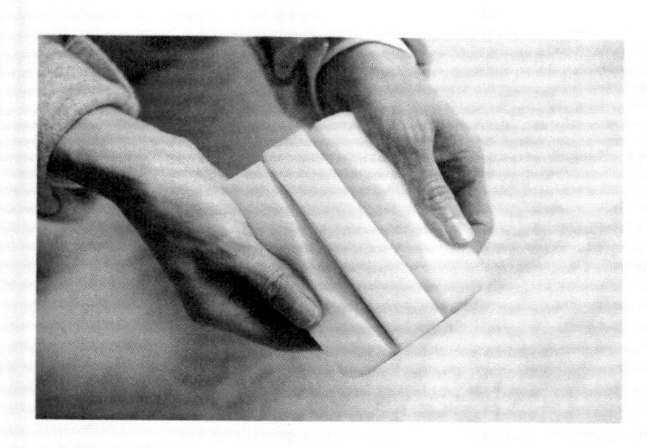

窗溝海綿

窗溝軌道最常堆積塵土，可先用刷子乾清灰塵，濕洗時使用窗溝海綿，窗溝海綿怎麼做？只要簡單動手做加工即可。

素材

清潔用黃色海綿

作法

① 在黃色海綿上，以小刀等距畫幾條線，注意不要劃斷。

② 劃好線的海綿，略為撐開，確定沒有切斷即完成。

Tips 不要拿科技海綿，因為容易碎裂。

肥皂海綿

平常使用剩下的碎香皂，拿在手上也不好用，丟掉又可惜，現在只要加工一下，就可以賦予它新生命。

素材

碎香皂、海棉

作法

① 從海綿側面，約位於海綿正中心處，用小刀畫一個開口。

② 把碎香皂放進開口，使用時只要沾水搓揉，出現泡泡之後，就可拿來刷洗。

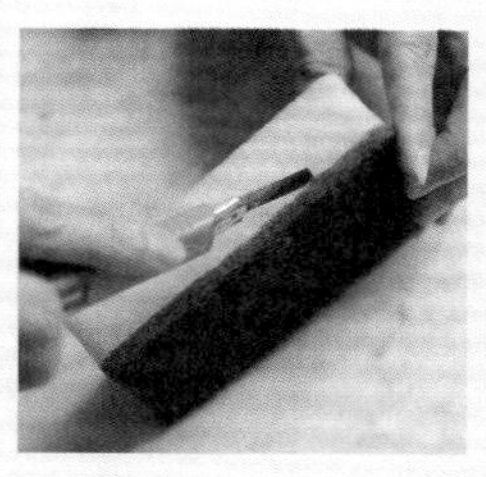

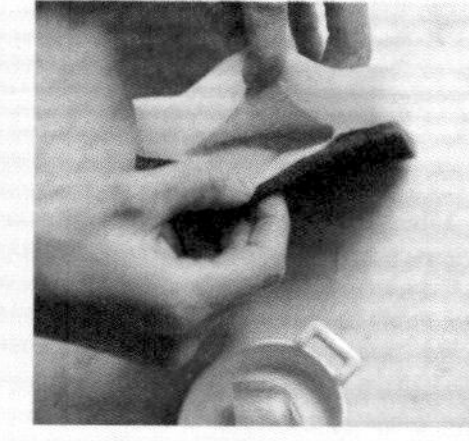

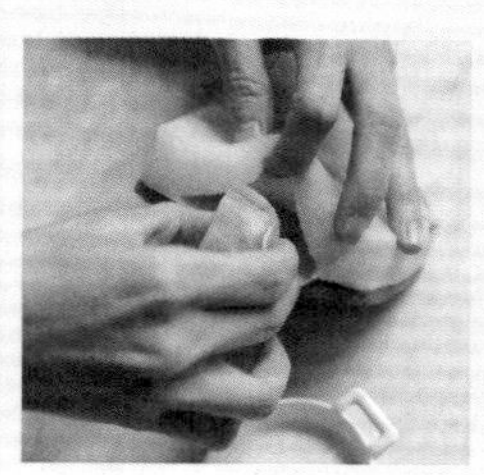

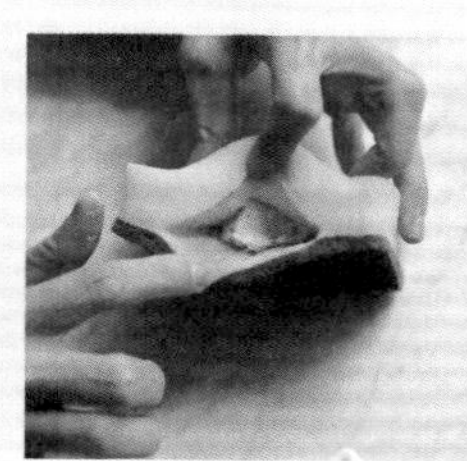

COLUMN 2

利用生活素材做清潔

想去除汙漬其實並不難，有時只要利用平常隨手可得的東西，就能得到良好的清潔效果，以下整理出幾種容易取得又常見的素材，幫助大家省錢做清潔。

番茄醬

番茄醬含有鐵離子，因此運用化學氧化還原原理，將番茄醬塗抹在銅製或不鏽鋼物品上，靜置兩個小時左右，便可輕易清除鐵鏽，讓物品恢複原有的色澤。

檸檬

檸檬的酸性分子能中和鹼性汙垢，不僅能除垢，還能溶解於水中防止水垢產生。平常只要將檸檬切片，擦拭佈滿茶垢的杯子，最後再用抹布擦掉檸檬汁液，就可以有效去除難以刷洗掉的茶垢。

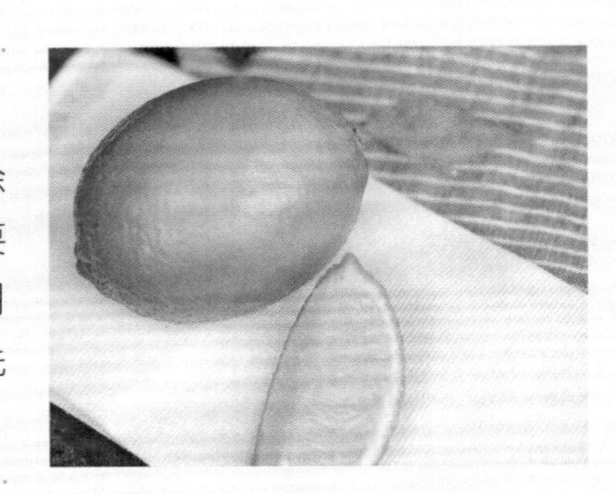

洋蔥

洋蔥含有植物殺菌素和大蒜素等成分，因此具有殺菌與吸油能力，還能去除異味與除垢。只要將洋蔥切丁裝盤，放在冰箱就可去除冰箱異味，或把洋蔥去皮剖半，以切口擦拭玻璃，待玻璃沾附洋蔥汁液後用乾布擦掉，就有鏡面清潔功效。

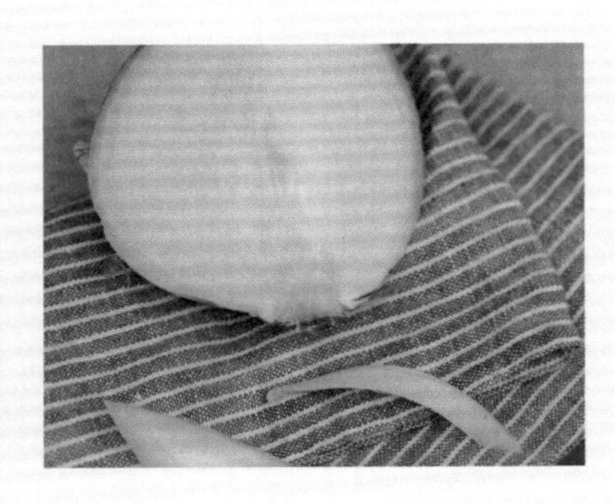

蛋殼

雞蛋殼內壁有一層蛋清，蛋清含有蛋白酶，具有強效清潔力。只要將雞蛋殼碾碎，放入待清洗的器皿，加入清水搖晃沖洗便可去垢，或者把蛋殼放入鍋中與水一同煮沸，再將髒抹布丟進去，就可去除抹布上的油汙及髒汙。

可樂

可樂含有碳酸、檸檬酸這些酸性物質，屬於弱酸性。將菜瓜布或抹布沾上可樂，擦拭生鏽的鐵器，五分鐘後會慢慢有去鏽效果。尚未喝完的可樂直接倒進馬桶，浸泡約十分鐘左右，等待尿垢脫落後再沖水，可有效除去黃垢、尿垢。

牙膏

牙膏成分包含摩擦劑、水分、發泡劑、肥皂等。可去除油垢、鏽垢、水垢等，只要在菜瓜布沾上牙膏來回擦拭，再以乾布擦拭即可。車窗玻璃的劃痕或手錶鏡面有輕微劃痕，可用少許牙膏塗在玻璃表面，再以軟布反覆擦拭，即可除去細小劃痕。

挑對清潔劑，打掃清潔不費力

有了好的清潔道具，如果可以搭配上適合的清潔劑，不只可以讓清潔打掃發揮雙倍效果，相對地也會更有效率，因此想要更加輕鬆地做居家清潔工作，就要從挑對、用對清潔劑開始。

Part. 2

清潔劑

一般市面上的清潔劑，大致上可分為中性、鹼性與酸性三種，每種去汙特色皆有不同，因此在居家清潔打掃時，除了要用對清潔道具外，先從了解髒汙的類型，然後再選用正確的去汙清潔劑，如此才能有效又快速去除惱人的髒汙。

KEY 1 先確認清除汙垢類型，再選用適合的清潔劑。

KEY 2 有些清潔劑具腐蝕作用，因此使用前需做好防護，以免傷害地板或家具。

KEY 3 清潔劑具化學成分，使用時要注意使用禁忌，以免誤用危害身體。

TOOLS

1 去汙膏

去汙膏顏色多為乳白色，且是黏稠的膏狀，一般常見的油汙、水漬等髒汙都可使用去汙膏清除，而根據清潔區域材質，可搭配抹布、海棉或者科技海棉使用，加強去汙效果，不過市面上各家使用方式略有微妙差異，建議先做好確認再使用，才不會影響去汙成果。

用途：去油汙、去汙痕、去水漬

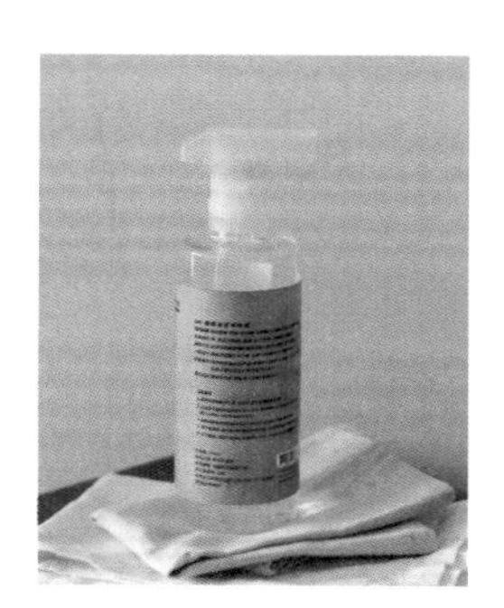

2 鹼性清潔劑

所謂鹼性清潔劑，是指PH值約在8.5～10的清潔劑，其特色就是能去除油脂類髒汙和酸性汙垢，一般用來清潔廚房抽風扇、瓦斯爐等髒汙的廚房清潔劑，就屬於弱鹼清潔劑的一種。

用途：去油汙

3 檸檬酸

檸檬酸顧名思義就是酸類，外表為呈白色的晶體粉末狀，適合用來去除鹼性汙垢，使用時可直接將檸檬酸粉倒在髒汙處，或者加水溶解粉末後，以噴霧瓶裝噴在汙垢上，並用衛生紙、紙巾鋪在上面輔助，讓清潔液更容易附著。

用途：去水漬、尿垢

TIPS

檸檬酸使用時注意不能與氯系清潔劑或漂白水同時使用，因為與酸類混合會產生危害人體的氯氣，使用時要特別小心。另外，磚縫、大理石、鐵，或是抗酸能力較弱的建材，也不適合以酸性清潔劑清潔。

4 除霉噴霧

除霉噴霧的主要成分為漂白水，濃度較高，呈泡沫慕絲狀，能夠吸附在欲作用的表面上。由於除霉噴霧主要成分是氯系漂白水，同時濃度較高，建議噴灑於發霉處後，需儘速離開該區域，以免吸入過多有毒氣體。

用途：去霉

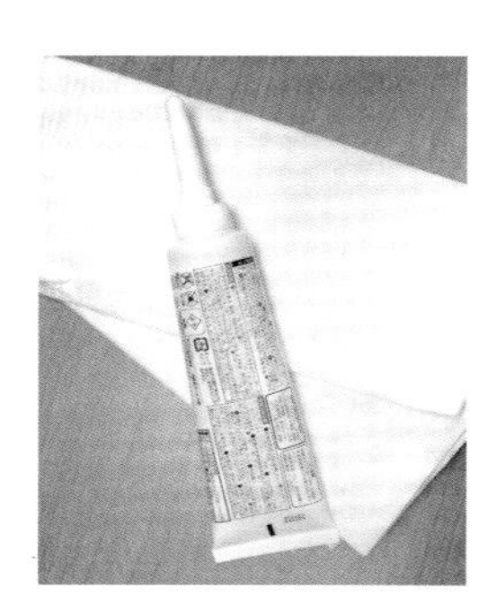

5 除霉凝膠

除霉凝膠含有最高濃度的漂白水成分，因為凝膠狀擁有強勁吸附力，所以不用擔心噴撒在牆面細縫上後，會因為液體下滑而減少作用時間。一般來說除霉凝膠擠在發霉處後，靜置約30分鐘至1小時即可有效清除發霉，是目前市面上作用較為快速的產品，但售價也相對較貴。

用途：去霉

6 漂白水

漂白水是常見的居家清潔用品，常做為漂白衣物的洗滌劑，對於居家空間的霉菌也有強力的去除效果。應用的方式，多是將衛生紙、廚房紙巾浸泡在稀釋過的漂白水裡，然後敷在發霉的區域，靜置一段時間後，再做刷洗。由於漂白水味道刺鼻，建議刷洗時空間應維持通風狀態。

用途：去霉

TIPS

漂白水會腐蝕不鏽鋼，因此使用漂白水清潔時，要特別注意遠離不鏽鋼製品。

7 去漬凝膠

常見市面上的衣物去漬產品（也可以用在織品類的家具），其原理是進行吸污、溶解、漂白，以吸污劑吸收未乾的汙漬，再將吸收起來的汙漬進行溶解，而後漂白劑成分將沾污處漂白。但使用上要記住一旦發現衣服或家具被弄髒了，要儘快趁水分未乾前使用去漬液，否則效果會隨著汙漬停留時間愈長，而大打折扣。

用途：去除織品髒汙

8 小蘇打粉

小蘇打粉外表呈白色粉末狀，是一種易溶於水的白色鹼性粉，性質為弱鹼性，可有效對付酸性汙垢，由於可自然被分解、刺激性低，比較不會汙染環境，因此很適合運用於清潔居家空間。使用時直接在汙垢處撒上小蘇打粉，靜置一段時間再行擦除，或者以水稀釋小蘇打粉，以噴霧形式噴灑在汙垢上，另外也可加入少量的水，製作成小蘇打糊，以塗抹方式使用。

用途：去油垢、去織品髒汙

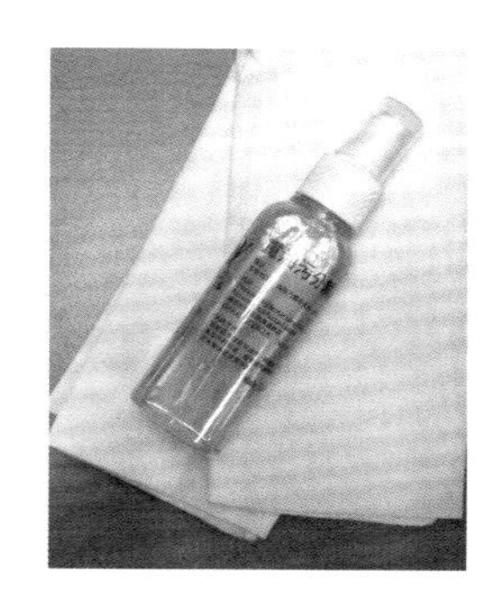

9 溶油劑

市面上有部分的重油污清潔劑其實是添加了溶（油）劑成分。原理是「以油洗油」，油汙會較快速溶於溶劑成分，接著以清水沖刷掉即可，去油效果顯著，但缺點是溶劑本身味道較為刺鼻、難聞，因此一般不建議居家環境使用，若廚房油汙實在太為厚重，使用後記得要用清水洗淨殘留的溶油劑。

用途：去油汙

COLUMN ③

HOMEMADE 清潔劑DIY

除了市面上販售的清潔劑，應用一些平時隨手可得的東西，也能製作出好用、安全的清潔劑，素材好取得，步驟很簡單，試著自己做做看！

洗手乳水

清理大範圍玻璃鏡子，除了使用玻璃清潔劑，也可以用自製洗手乳水替代。

素材

臉盆、洗手乳

作法

① 在小水桶或臉盆按壓洗手乳2～5下不等，接著再加入約三分之一桶的水量。

② 用手輔助將水打至起泡，即可用抹布或黃色軟海綿沾取清洗玻璃。

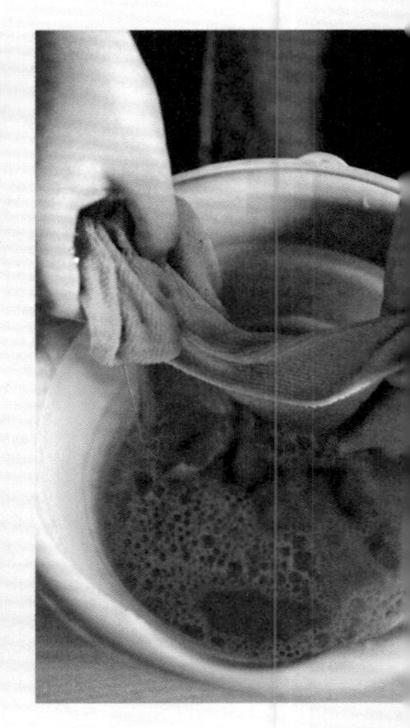

萬用清潔劑

清潔劑種類太多，買很多罐不只花錢又麻煩！省時省力一點都不難，自己做一罐萬用清潔劑，不管哪裡都好用。

素材

保特瓶、清水、洗衣粉（可用肥皂粉替代）、麵粉、白醋、75%酒精

作法

① 在保特瓶裡裝入250ml清水。

② 將一瓶蓋洗衣粉、半瓶蓋麵粉、兩瓶蓋白醋，和三瓶蓋酒精加到保特瓶裡。

③ 待全部材料加入後，適度搖晃即可使用。

油網浸泡水

廚房最易積油垢，尤其抽油煙的機油網跟集油槽油膩膩的很難清，別擔心現在就利用手邊的東西，調配一個簡單清潔效果又好的清潔劑。

素材

熱水、白醋、小蘇打粉、洗碗精

作法

① 先將油網、集油槽浸泡在熱水裡，熱水蓋過浸泡物品，可將集油槽油垢挖除再浸泡。

② 加入約三分之一包小蘇打粉，6～10瓶蓋白醋，洗碗精擠壓繞兩圈左右。

③ 完成後，浸泡約20～30分鐘，視油汙溶解程度即可開始做刷洗。

Tips

配方劑量可視油網大小、油垢厚度自行酌量，另外勿再額外加入其它清潔劑或調整配方，避免酸鹼過度或成分複雜而發生危險。

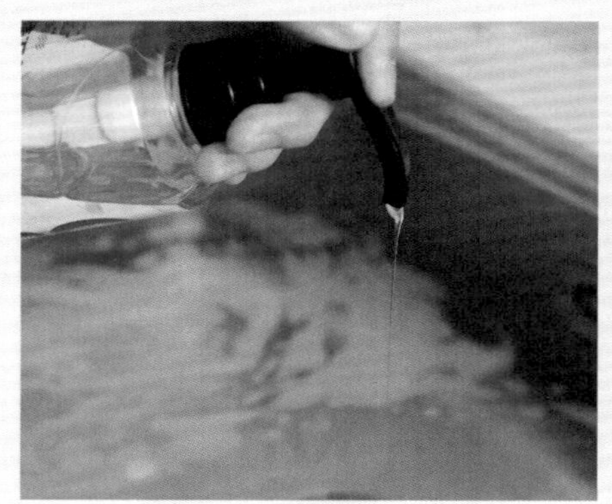

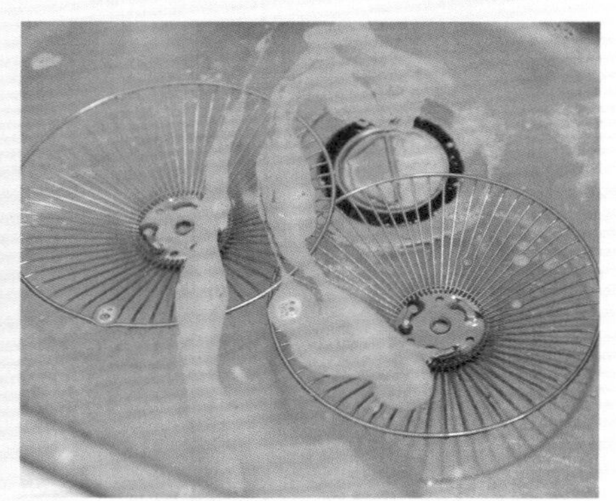

柑橘酒精

想隨身攜帶清潔劑，擦拭外面的馬桶坐墊，但是用買的價錢不便宜，此時不如自己試著自己動手做做看。

素材

75%酒精、玻璃罐、玻璃噴瓶、柑橘皮（橘子、柳丁、檸檬皆可）

作法

① 柑橘洗淨後切下表皮，放至玻璃罐中。

② 柑橘皮塞滿後，再把酒精倒入蓋好，浸泡約3～4天。

③ 取出柑橘皮，將酒精倒入分裝噴瓶，方便攜帶使用。

LIVING ROOM

清爽自在的客廳

由於是全家共同使用的空間，因此客廳裡的物品、家具是所有空間裡最多、使用最頻繁的區域。想要維持整齊清潔，除了定期打掃，更需善加運用收納技巧，才能讓空間整潔、井然有序，如此也能讓全家人共同享受這讓人放鬆的舒適空間。

Part. 3

清潔打掃

客廳的清潔打掃，除了客廳區域，由於現下居家空間多不會另外隔出玄關，因此一進門的入口處，可與客廳合併進行打掃清潔，而除了固定將每天回家帶進來的塵土泥沙掃乾淨外，容易發出異味的鞋櫃，也別忘了要定時清潔。

KEY 1 按照由上而下原則做打掃，其中毛屑等可先以除塵撢等工具清潔，再以乾濕抹布做擦拭。

KEY 2 客廳3C家電居多，最好選用軟毛刷、除塵撢等工具，先行清潔小細縫灰塵。

KEY 3 對應不同材質的家具，除了以適合的方式做清潔外，適時保養，才能讓家具常保如新。

CLEANING

油漆刷
用來清掃鞋櫃深處角落灰塵。

除塵紙
清潔灰塵功用，尤其是不能遇水的3C產品，以除塵紙清潔即可。

滾筒黏把
可有效沾黏起皮質、布類家具上的灰塵、毛屑。

乾濕抹布
濕抹布擦拭汙漬，乾抹布收乾水分，避免水分殘留。

刮刀
刮除家具表面殘餘清潔劑、水分。

彈力掃把
清掃地面垃圾。

窗溝刷
用來清除窗戶軌道裡的灰塵。

小黃刮刀
專門除去玻璃窗上的膠帶及殘膠。

科技海綿
搭配去汙膏洗去殘膠。

白色海綿
可做成窗溝海棉，刷洗窗戶溝縫。

Step by Step

沙發

清潔沙發時使用滾筒黏，先將毛髮黏一黏之後，再用乾濕抹布擦拭。沙發比較怕潮濕，濕抹布擦拭完後，要再用乾抹布把多餘的水分擦拭收掉，若是不能碰水的材質，例如：布沙發、麂皮沙發、絨布沙發等，建議用滾筒黏將毛髮清除後，以軟毛刷將灰塵、碎屑刷去，再用乾布擦拭即可，抱枕用手擠壓兩側拍蓬立放於沙發上，擺放時留意拉鍊避免刮傷沙發。

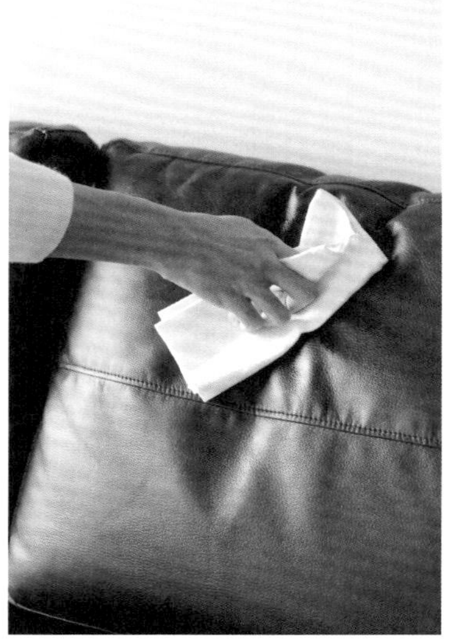

茶几

茶几是客廳面積較大的檯面，一般木質桌几，先用除塵紙將茶几灰塵擦拭掉之後，用濕抹布擦拭，最後乾抹布收乾水分即可，若茶几是玻璃或鏡面材質，可先用玻璃清潔劑搭配濕抹布擦拭，再以刮刀刮乾水分，如此桌面不只乾淨，看起來也更加明亮。

③ 電視、電視櫃

電視櫃除了擺放電視，還會擺放擺飾品或者3C產品，因此先以除塵紙、刷具清除3C產品和擺飾品上的灰塵，再用濕布擦拭電視櫃，之後以乾布收掉多餘水分，水分記得要確實清除，避免電器、3C用品因水分殘留過多造成損壞。

玄關：大門

玄關大門若是平面沒有造型，以除塵紙除去灰塵後，再以抹布擦拭即可，但若有圖騰或紋路，則要先以油漆刷輕刷門片除去灰塵，再以濕抹布依序擦拭門片、把手等區域，最後拿吸塵器將角落處的灰塵、毛屑吸除。

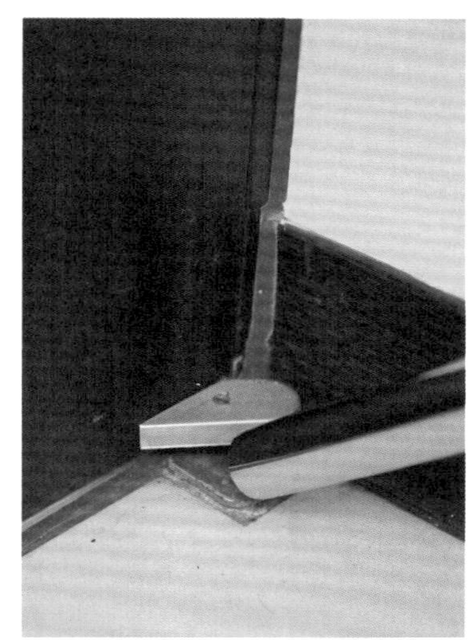

玄關：鞋櫃

玄關鞋櫃因擺放外出鞋，所以灰塵通常比較多也比較厚，灰塵最容易堆積在鞋櫃角落，因此先用油漆刷清除鞋櫃角落處的灰塵、泥土，之後搭配吸塵器清除灰塵，如此較能徹底清潔，待灰塵清除完畢再用濕抹布擦拭即可。

⑥ 玄關：對講機

對講機使用率似乎不高，但平時常以手指碰觸，表面其實也會沾染髒汙。清潔方式先從外圍開始，利用偏乾的抹布擦拭四個邊，尤其是最容易堆積灰塵的頂部，之後再擦拭對講機表面。

地板

整體清潔完畢後最後再進行地板掃拖，家中的地板如果是小磁磚建議使用馬毛掃把，大地磚、木地板使用彈力掃把效果會更好，使用彈力掃把，在掃完後用濕抹布對集中的垃圾擠一點水，接著用衛生紙以S型方式捏起垃圾即可，拖地時切記地板勿太濕，以免損壞木地板。

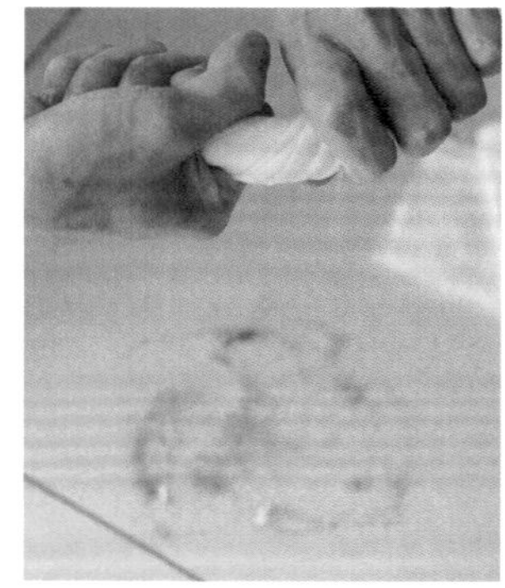

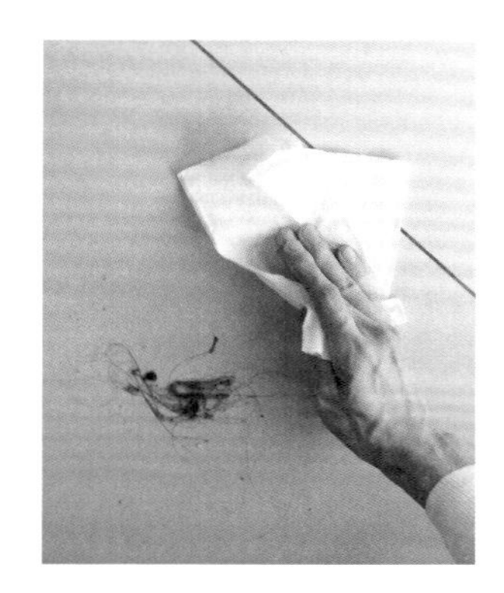

⑧ 窗戶：乾刷

窗戶或者落地門窗長時間未清理上面多半累積許多塵土以及灰塵，先使用油漆刷清理窗條以及紗窗等灰塵，窗溝可使用窗溝刷將溝槽塵土刷集中後用背面小勺子將塵土鏟起，如家中有吸塵器也可搭配使用效果更好。

窗戶：濕洗

家中窗戶或落地門窗不方便拆卸沖洗，可利用抹布及窗溝海綿刷洗，再以抹布沾洗手乳水濕洗紗窗，紗窗上灰塵較厚重，所以濕洗時水量要多一些，濕洗好之後再以抹布收乾，收乾力道輕並以快速畫圓的方式擦拭，直到紗窗上無水分及清潔劑殘留即可。窗溝部分可使用自行加工的窗溝海綿沾少許洗手乳水（參考P48做法）刷洗，再以抹布搭配窗溝刷背面小勺子收乾，其餘窗條、玻璃框等以抹布擦拭乾淨即可。

窗戶：清洗玻璃

玻璃部分先擦拭窗框，較粗的窗條可將抹布對摺以兩隻手包覆擦拭，把手較細的地方可用手指包覆抹布擦拭，窗框擦拭好了再來清潔玻璃，先以抹布沾適量清潔乳水，抹布以中等濕度擦拭玻璃後，再以刮刀刮除水分，刮除完畢最後再以乾布收乾。

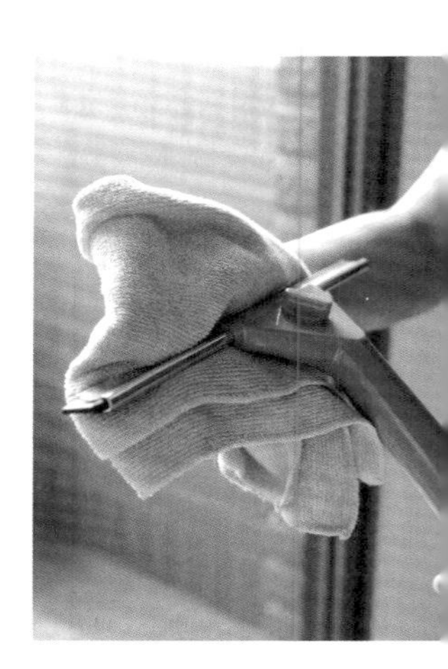

窗戶：去殘膠

颱風天窗戶做防護措施貼上膠帶，颱風走後膠帶經過太陽曝曬，變得黏黏的很難清理，現在只要善用幾個小工具就可以去殘膠。首先利用小黃刮刀從膠帶四個角落其中一個開始剷膠帶，膠帶去除完畢後黏黏黑黑的殘膠部分，以沾濕的科技海綿沾少許去汙膏，手指局部按壓畫圓的方式去除殘膠，再以濕抹布擦拭乾淨即可。

TIPS

使用小黃刮刀特別留意角度，要盡量貼近玻璃避免過於垂直刮傷玻璃。

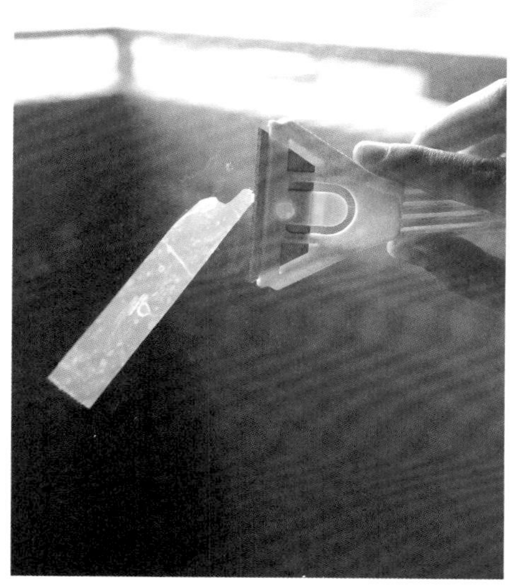

空間收納

客廳不只招待客人，同時是全家人活動的公共區域，是最容易被弄亂的區域，收納物品也比較雜亂，但不管怎麼收，最好符合平時生活習慣，這樣才便於全家一起隨手收納，減少空間的髒亂。

KEY 1 原有的收納櫃可利用鐵架、魔鬼氈等小物，善加利用樹櫃高度與邊緣空間，增強櫃體實用度與收納量。

KEY 2 不論是大門或是臥房門片，只要花點巧思，看似沒有收納空間的門片，也能成為一個好用的收納空間。

KEY 3 客廳擺放的茶几，除了桌面收納，下方也可利用小技巧增加收納功能。

STORAGE

IDEA ① 分類收納法

專輯、影集、書等物品最常看到被隨意收在電視櫃，但看起來不僅紊亂，真的想用的時候又找不到。想要收得整齊又好找，首先將東西做分類，例如：以小朋友與大人類型簡單分類，或者以尺寸大小分類，做好分類後，利用立放的方式進行收納排列，位在後方的同樣以立放排列，並把目錄對外，如此不僅看起來清楚明瞭，取用時也方便。

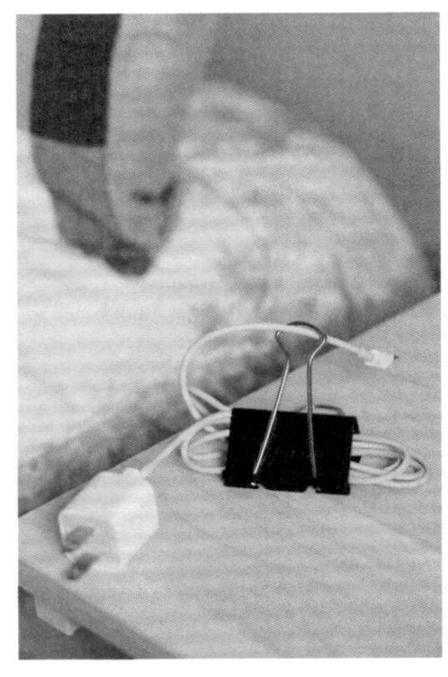

IDEA② 長尾夾收納法

有些小東西為了隨時取用，不需要收納起來，利用隨手可得的長尾夾，夾在桌几或臥房邊桌，長尾夾鏤空的地方就變身成筆插。另外經常使用又常散落在桌上的電源線，整理好塞進長尾夾，電源頭則穿過鏤空的地方，以便充電時使用，最後再把長尾夾夾在桌邊，就能收得整齊。

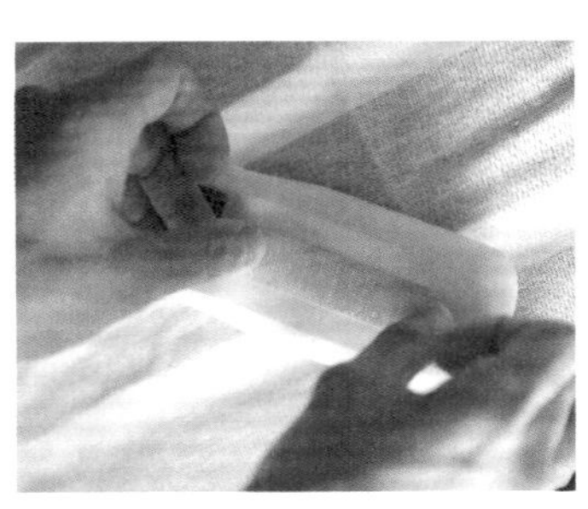

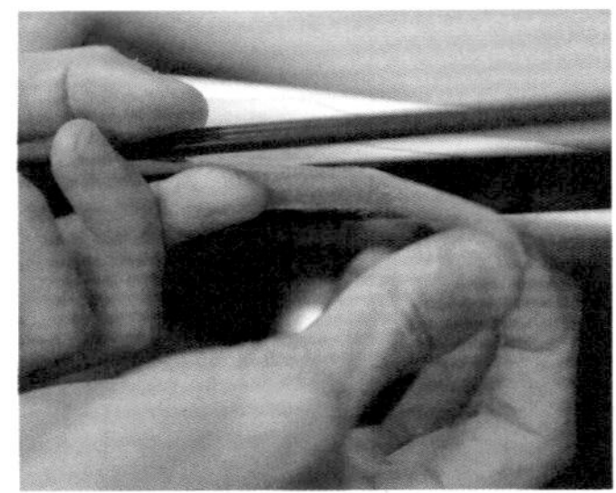

IDEA③ 魔鬼氈收納

客廳的電視、音響、冷氣等遙控器，除了放在桌上其實還可以有其他選擇。

素材 魔鬼氈

作法

1 將魔鬼氈剪一段合適長度，黏貼於搖控器背面。

2 魔鬼氈另一面黏貼於桌几邊緣處，或希望收納的位置。

3 黏上後放置一到兩天的時間，讓魔氈確實固定後就可使用。

紙盒收納

家中常有買東西外包裝的小紙盒或鞋盒，只要小小加工，就可以不用花錢又多了收納盒。

素材 鞋盒

作法

1 將鞋盒的上蓋取下進行裁剪。

2 上蓋兩邊剪下後，再把剩下的上蓋平均裁成兩段，並比對做為收納盒的鞋盒長寬再做修剪。

3 在兩片紙片預計交接處，各自剪一刀，以便將兩片紙組成一個十字分隔。

4 最後把做好的分隔放進鞋盒即可，也可在收納盒裡放止滑墊，加強物品固定。

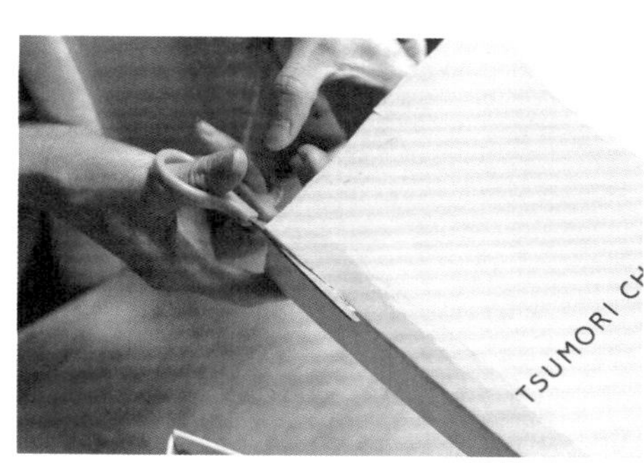

COLUMN
4

去除鞋子異味

多數小坪數居家，玄關與客廳並沒有明確的分界，因此最容易散發出異味的鞋櫃，便可能鄰近客廳區，加上換下沒有收納起來的鞋子，讓整體空間不僅視覺不美觀，鞋櫃與鞋子發出的味道更會漫延至客廳區。為了維持生活品質，以下介紹幾種去除異味的方法，藉此改善空間異味問題。

茶葉／咖啡渣

茶包與咖啡渣都是生活中常見的小東西，卻可以有效去除異味。平時家中若有過期的茶包、用完的茶葉或者瀝乾的咖啡渣，只要簡單用茶包細網包起來，放到鞋櫃裡即可，如沒有過期的茶包，使用泡過的茶包也可以，只是要特別注意茶包需呈乾燥狀態再使用。

酒精

酒精是平時容易取得的東西，其揮發性可說是帶走臭味的好幫手。可裝進附噴嘴的瓶子裡，隨身攜帶放在包包裡，若有遇到需脫鞋的地方，在脫鞋之後對著鞋內噴幾下，鞋裡的味道很快地就會被帶走，再也不用怕脫鞋時，鞋裡的異味讓人覺得尷尬。

蘇打粉

小蘇打粉因具有吸水性，所以可以連帶著將鞋裡的濕氣與臭味一併帶走。使用方式很簡單，只要將小蘇打粉裝到舊棉襪，或者塞進小布袋，然後再放在鞋子裡面，這樣就能去除鞋裡的異味。

檸檬

柑橘類的用途廣泛，除了拿來驅蚊驅蟲、廚房清潔等用途，還可以用來去除異味。只要將平時使用過的橘子皮、檸檬皮放到鞋子裡，約隔一日便可適度去除鞋子裡的異味。

肥皂

肥皂本身香氣較濃厚，放在密閉鞋櫃，自然散發的香味會在鞋櫃循環，讓鞋櫃充滿香氣，因此平時若有用不到的肥皂，不妨將肥皂放置在鞋櫃裡，可讓鞋櫃散發香味，鞋子也會沾染肥皂味道，散發淡淡清香。

KITCHEN

拒絕油汙的廚房

廚房的清潔關乎到食的安全，因此不論是清潔還是收納，都需更用心安排，清潔時除了經常使用的廚房設備，檯面、壁面等區域，也需做好清潔工作。至於收納除了依平時使用習慣規劃外，食用的餐具收納，以及正確的食物收納保存，都是要特別注意的地方。

Part. 4

清潔打掃

一般人最害怕打掃廚房，因為廚房最難去除的就是油垢，但其實油垢問題並不難解決，只要在開始刷洗前，先採濕敷或浸泡等方式，讓清潔劑滲入油汙進行分解，如此一來便可在刷洗時省時又省力地做好清理工作。

KEY 1　盡可能以天然清潔劑取代強力清潔劑，避免清潔劑殘留危害健康。

KEY 2　烹煮過程容易沾染汙漬，若能隨手清潔，年終掃除時便可省下力氣與時間。

KEY 3　廚房為重油區，建議多留時間，讓清潔劑以浸泡或濕敷方式滲入汙垢，省去刷洗時間與難度。

CLEANING

白色菜瓜布

表面較為細緻，可避免刮傷廚房設備。

科技海綿

用來刷洗水槽汙漬、水漬。

乾濕抹布

濕抹布擦拭汙漬，乾抹布收乾水分，避免水分殘留。

衛生紙

用來濕敷於抽油煙機、牆面。

牙刷

刷洗油網及細縫處。

小蘇打粉＋洗碗精＋白醋

用來製作浸泡油網、瓦斯爐架的浸泡水。

Step by Step

浸泡

在開始清潔廚房前，先將油垢較重的抽油煙機油網、集油杯、瓦斯爐鐵架等，浸泡在調配出的浸泡水裡（浸泡水做法參考 P50），集油杯如果油位較高，可拿塑膠湯匙將較軟的油挖除後再浸泡，浸泡約 30 分鐘，讓清潔劑有時間融解油漬、汙垢。

刷洗

待浸泡過後，可用菜瓜布或者牙刷刷洗油垢較重的地方。第一次先刷完較油膩的地方，在刷洗並以清水沖乾淨後，為避免抹布吸取油汙後愈擦愈油，應先用廚房紙巾擦拭，接著用抹布清理。集油槽在清洗乾淨後，可舖墊廚房紙巾或衛生紙吸油，之後只要定期更換紙巾，清洗時以洗碗精清洗即可，相當方便。

TIPS

遇到冬天或者家裡有開冷氣時，水溫會降得特別快，建議當水溫漸漸變溫涼時，即可開始刷洗，如此刷洗會較省力。

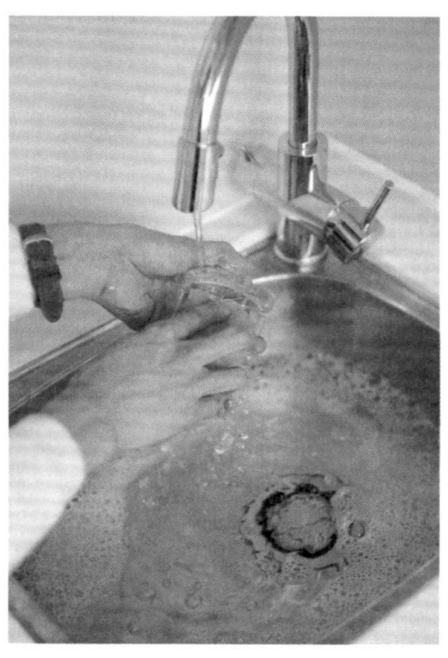

濕敷

無法浸泡的抽油煙機、瓦斯爐以及牆面油垢，則先敷清潔劑再做刷洗。敷前可在檯面鋪報紙，避免敷清潔劑時油汙或清潔劑滴下造成的作業不便。在有油垢的地方噴上清潔劑後貼上衛生紙，留白處用清潔劑補強，依序重複此動作，將抽油煙機、瓦斯爐、牆面等處敷好清潔劑，抽油煙機與牆面交接處特別加強，待全部完成後濕敷約20分鐘。

TIPS

冷氣、除濕機或者夏天，會讓衛生紙比較快乾，要留意衛生紙濕度，確保濕敷效果；至於衛生紙與餐巾紙效果其實一樣，但餐巾紙較厚反而要用更多清潔劑，因此除非是要長時間濕敷，否則使用衛生紙即可。

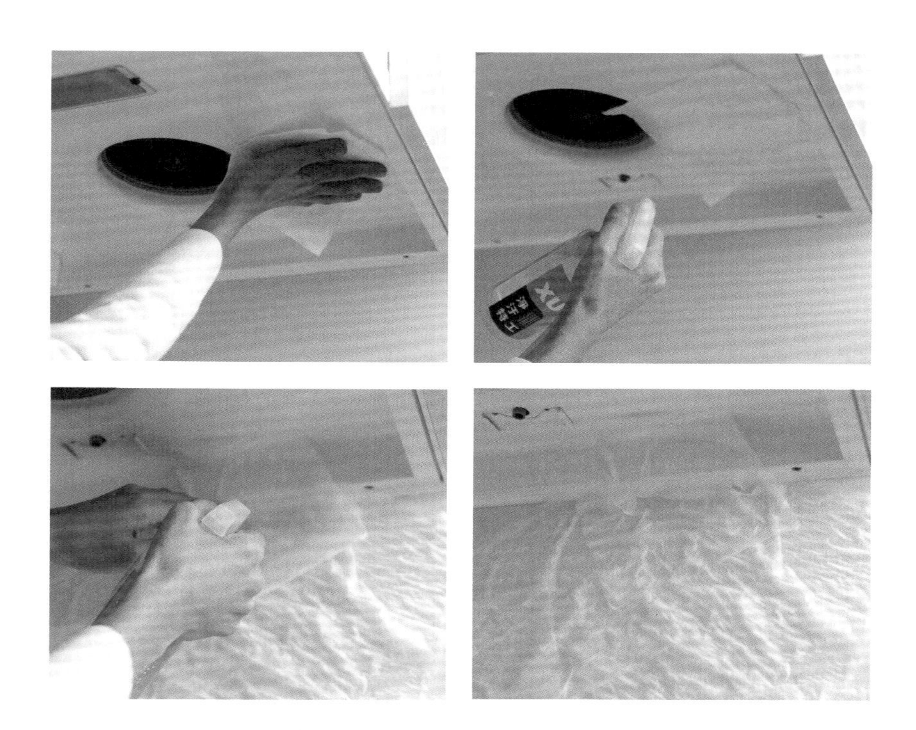

刷洗

待濕敷時間差不多了，別急著撕掉衛生紙，而是要先把衛生紙撥開一個小角落試刷，油垢如果可被刷掉，則表示清潔劑已滲入汙垢，此時再取下衛生紙開始進行刷洗，刷洗完後再以濕布擦拭乾淨即可。

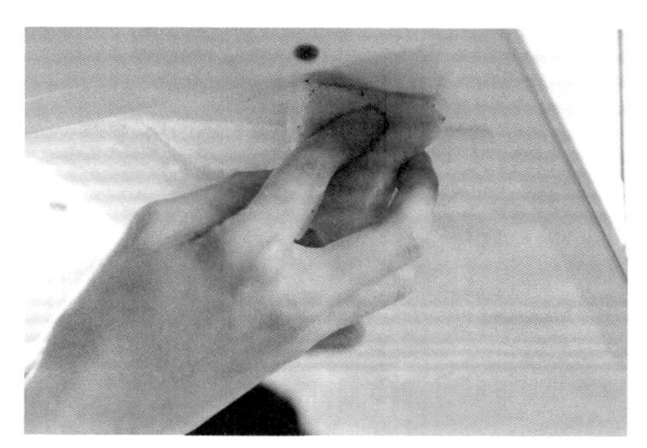

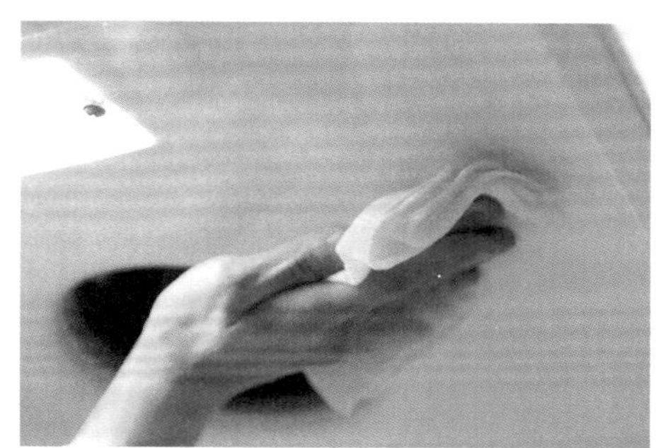

櫥櫃、洗碗機

待處理完浸泡、濕敷的區域後，以濕抹布擦拭廚房吊櫃門片、溝縫等，另外在濕布上倒上些許洗碗精，擦拭碗架及洗碗機內外部。

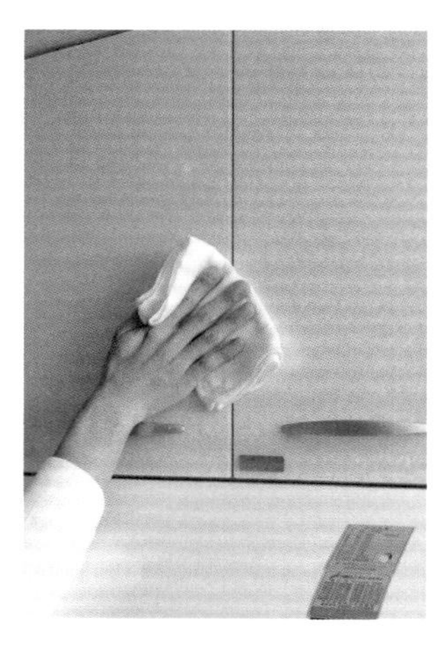

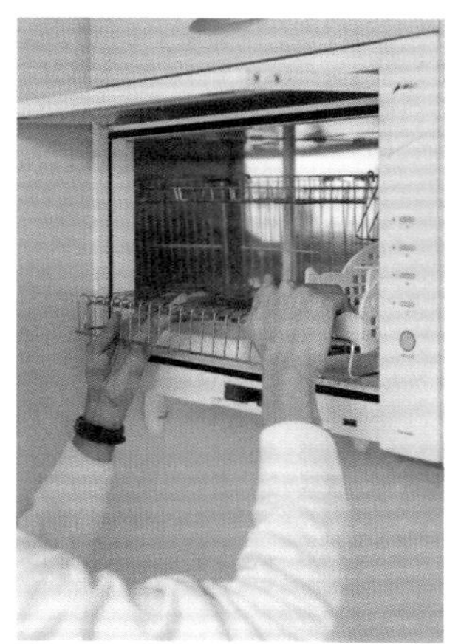

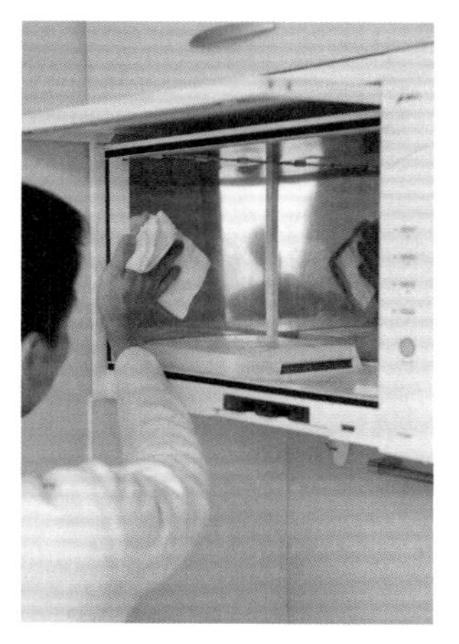

瓦斯爐

將瓦斯爐架取下浸泡時，便可開始刷洗瓦斯爐，先以較為細緻的菜瓜布刷洗油垢、髒汙，待刷洗乾淨後，以濕抹擦拭布瓦斯爐面，最後再以乾抹布將水分收乾即可。

水槽、水龍頭

利用科技海綿搭配去汙膏、牙刷清潔，隙縫處先以科技海綿刷過，再以牙刷刷洗會更乾淨，水龍頭出水口也要刷洗，水槽濾杯較多菱角及排水孔隙縫，可使用菜瓜布及牙刷刷洗。

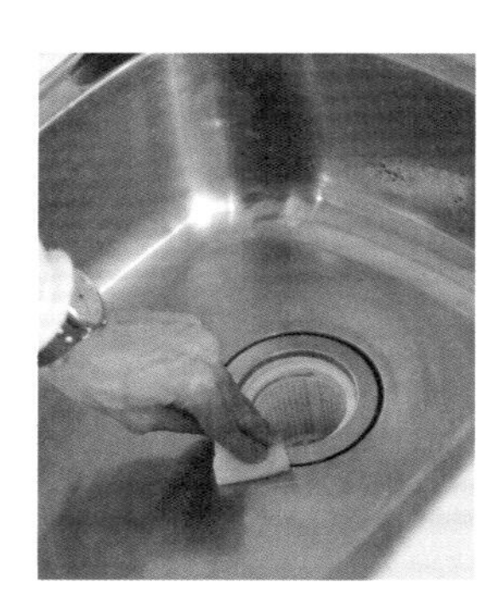

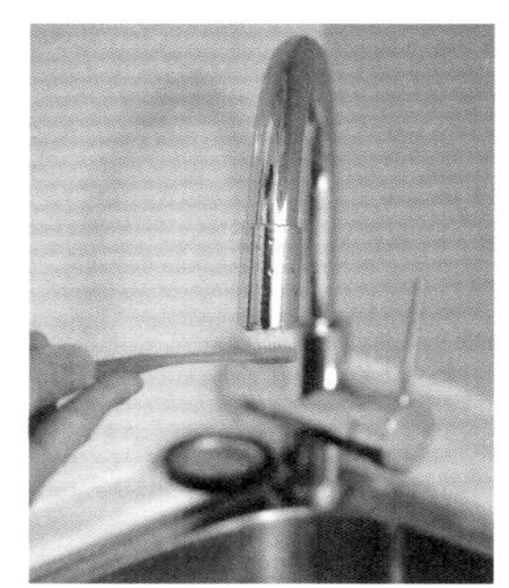

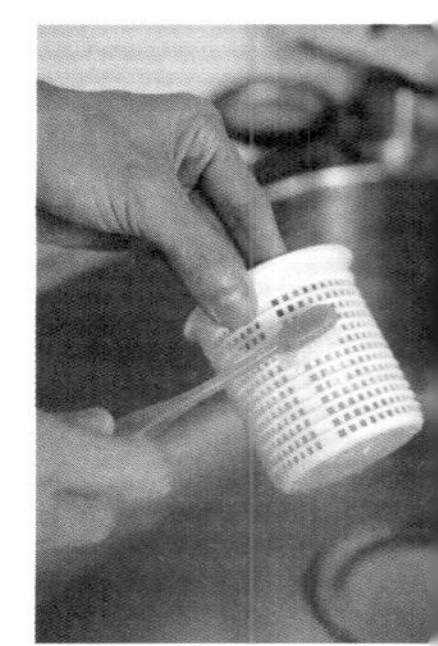

流理檯

清潔過程中會不斷清洗物品或抹布，所以流理檯放在廚房清潔的最後，先使用白色菜瓜布刷洗檯面，轉角處特別加強刷洗，最後以濕抹布擦拭檯面及水槽周遭，檯面擦拭完，再擦拭櫥櫃門片、把手與溝縫處。

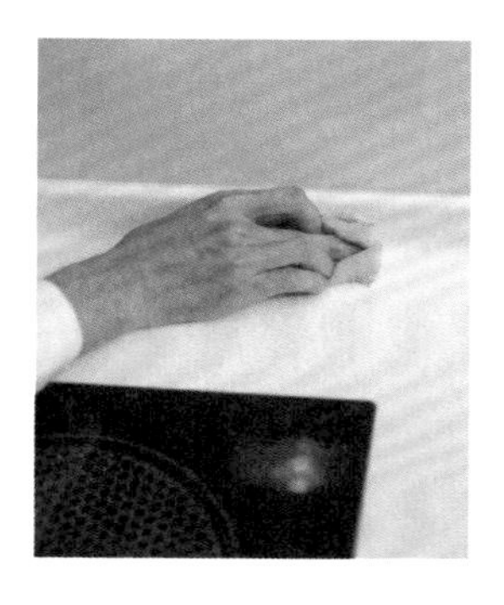
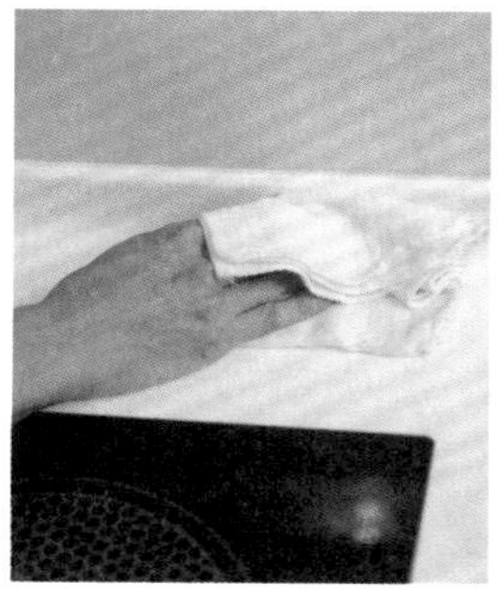
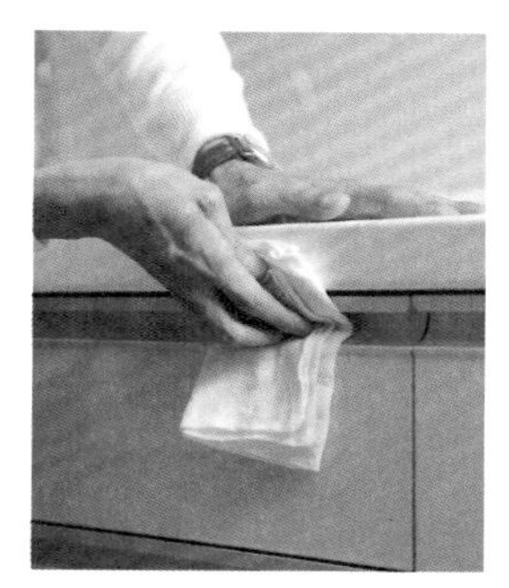

冰箱

先把夾層拿出清洗，內部以擦拭為主，隙縫處可用牙刷包著抹布擦拭，冰箱門若是鋼琴鏡面可以刮刀把水刮除。冰箱為密閉式循環空間，盡量避免使用市售清潔劑，改用洗碗精或小蘇打做擦洗，夾層刷洗完後以清水沖洗擦拭後再放回，平常冰箱可放檸檬或小蘇打粉吸除異味。

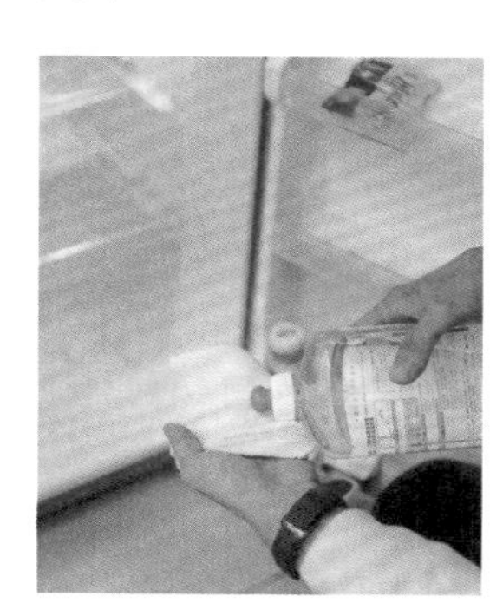
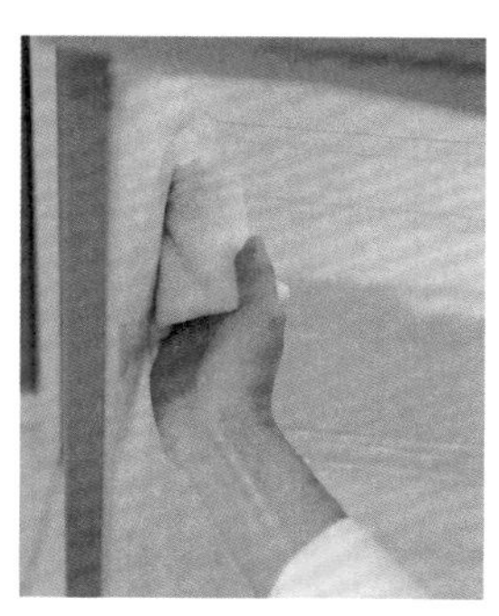
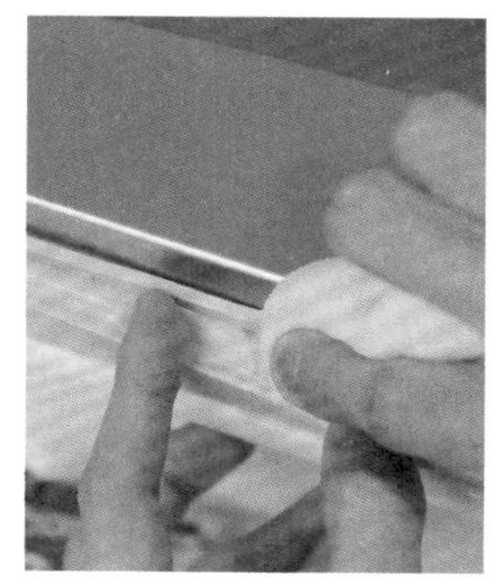
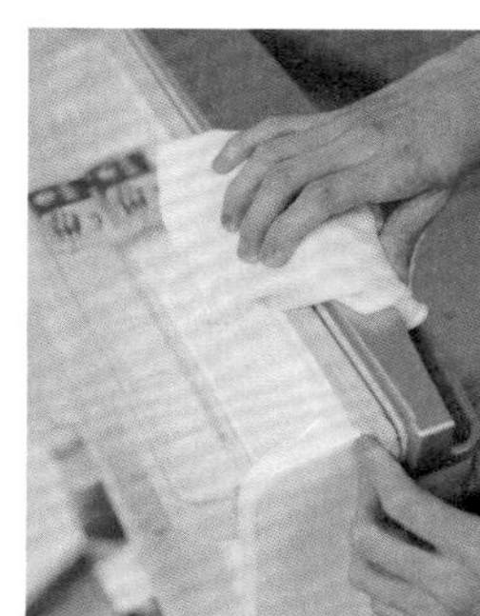

空間收納

廚房是烹飪食物的地方，也是容易遇水的區域，收納時要注意收納道具材質的選用。收納時先了解平時使用習慣再來進行規劃，如此才不會在烹飪時，手忙腳亂找不到東西；碗盤等餐具收納時，則應確實乾燥，避免因空間潮濕而滋生細菌。

KEY 1 廚房為重汙、重油、易遇水區域，物品多收在櫥櫃裡，建議依使用習慣規劃收納，可一目瞭然又利於烹飪作業。

KEY 2 經常使用的物品、杯具，可利用簡單掛勾，以吊掛方式收納，或者善用功能五金配備，做開放式收納。

KEY 3 利用層板強化牆面收納，層板不像櫥櫃給人封閉感，且藉由不同材質的層板，也可展現空間風格。

STORAGE

IDEA① 抽屜收納法

先將湯匙、刀叉、開罐器和刀具簡單分類，放入收納盒時再根據尺寸由長到短依序擺放，如此就能整齊不雜亂，也可利用單一收納盒，依物品種類自行組合分隔，會更順手好用。

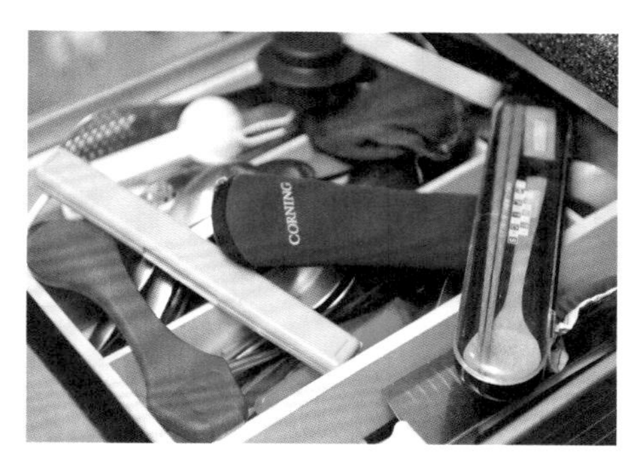

IDEA② 角落架

廚房檯面有時為了收納家電或礙於瓦斯爐位置，產生難以利用的角落空間，這時利用三角型角落架的三角造型，可完全利用空間，增加檯面收納功能。

IDEA③ 收納架

大部份收納思維多執著於單一平面，但廚房收納櫃大多過高或過深，此時可利用收納架向上發展，藉此利用垂直空間，增加高度同時爭取收納空間，同理也可運用於檯面，不過須注意若是用於櫥櫃，最好先量好尺寸，選擇尺寸適合的收納架。

冰箱分類收納盒

冰箱總是有不少瓶瓶罐罐，堆在一起不只使用時不方便拿取，也相當浪費冰箱空間，利用長型透明收納盒，先將瓶罐類物品收進收納盒，再將收納盒整齊地擺放，要使用時只要將收納盒整個取出就可以了，若不想整個拿出來，透明材質也方便辨示瓶罐種類，視覺上也會感覺比較清爽俐落。

IDEA 5 夾層小抽屜

冰箱層板高度可調整幅度不大，使用可夾在層板的夾層小抽屜輔助，可增加收納空間，雖然空間不大，但用來收納一些調味包或奶油球等小東西，也相當好用。

BEDROOM

放鬆無壓的臥房

臥房是休息、抒壓的地方，空間若髒亂不堪，難免會讓人感到不舒適而難以放鬆，因此除了定期清潔打掃，像是床單、被單等經常與身體有接觸的寢具，也要固定做更換、清洗，至於臥房衣櫥，最好經常清理、收納，以免成為堆積物品的黑洞。

Part. 5

清潔打掃

臥房的清潔打掃可以從床鋪開始，依序往外延伸到房門，先就臥房裡的床、邊几、梳妝台等家具做打掃，再來就一些如：鏡面、穿衣鏡做清潔，最後再將掉落在地板的灰塵、毛屑、碎屑掃乾淨，如此就能沒有遺漏的做好打掃。

KEY 1 棉製品與布類家具居多，利用滾筒黏除去碎屑、毛髮，或以除塵紙簡易去塵即可。

KEY 2 經常與身體接觸到的寢具，建議選用較天然、溫和的清潔劑。

KEY 3 衣櫥收納空間大，容易堆積物品，也容易堆積看不見的汙垢與灰塵，要固定做整理與清潔。

CLEANING

乾濕抹布

濕抹布擦拭汙漬，乾抹布收乾水分，避免水分殘留。

除塵撢（紙）

清除家具表面灰塵。

油漆刷

清掃櫥櫃角落、燈罩灰塵。

牙膏

做為清潔劑清潔鏡面。

滾筒黏把

可沾黏起皮質、布類家具灰塵、毛屑。

刮刀

刮去鏡面、家具表面水分。

Step by Step

床鋪

床鋪先使用滾筒黏把將毛髮黏過，接著以乾抹布擦拭即可；床鋪怕潮濕，盡量用乾抹布不要使用濕布擦拭。不太能碰水的材質，例如：帆布、木質、絨布等，可用滾筒將毛髮清除後，再使用除塵撢（紙）刷去灰塵、碎屑，最後再以乾布擦拭，抱枕用手擠壓兩側拍蓬立放於床鋪，擺放時留意拉鍊避免刺弄壞床鋪。

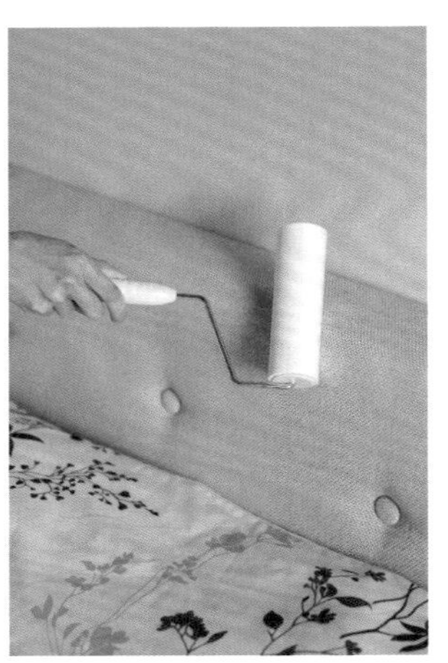

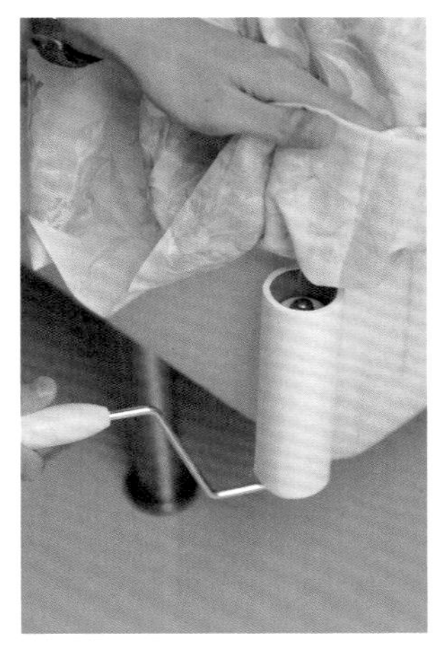

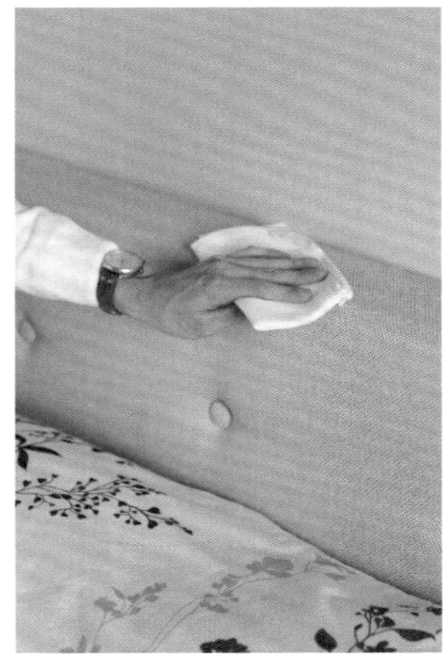

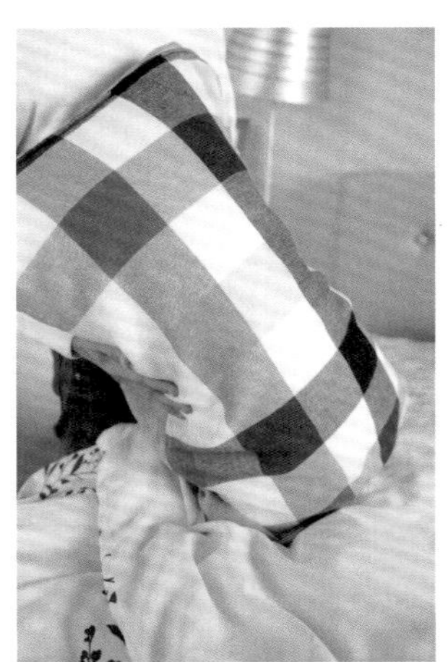

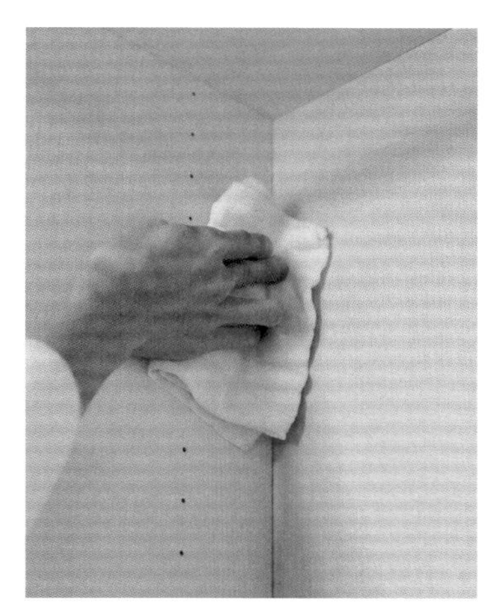

櫥櫃

衣櫥平時收納衣物、棉被，且有門片設計髒汙程度低，因此以除塵紙將大部分灰塵擦拭過後，再以濕抹布擦拭櫃體內部，最後以乾抹布擦拭除去多餘水分；絞鍊等小地方，用油漆刷刷拭清潔，如果櫃子裡東西比較多或灰塵較多，可改用吸塵器清潔；櫃子門片外觀若有圖案或花邊縫隙，採用牙刷乾刷，不可使用濕刷，否則灰塵會積在縫隙中。

③ 梳妝鏡

梳妝台的梳妝鏡或小鏡子，最常沾染灰塵、化妝品，只要將些許牙膏點畫在鏡面上，再用乾布以畫圓方式擦拭，即可讓鏡面乾淨如新。

④ 立燈、檯燈

燈罩及燈座先用油漆刷將灰塵刷拭掉，再以濕抹布擦拭，最後用乾抹布除去多餘水分，擦拭燈泡時，先確認燈泡已經冷卻，才能以濕布做擦拭，因為燈泡若還未冷卻，以濕抹布擦拭可能會造成燈泡破裂或觸電等危險。

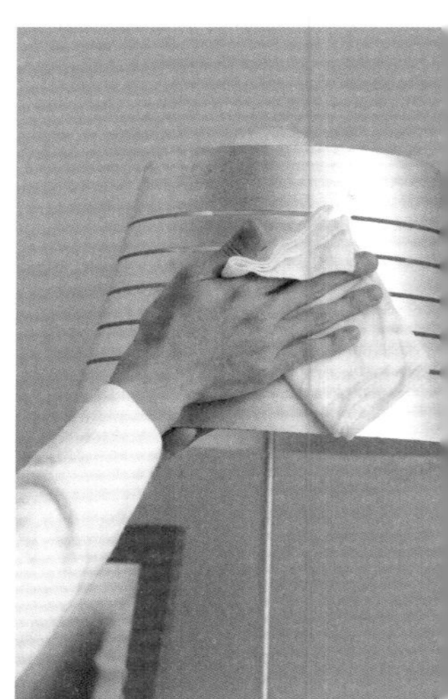

穿衣鏡

穿衣鏡的清潔要從邊框開始，先以濕抹布擦拭鏡子邊框，然後以中等濕抹布擦拭鏡面，接著用刮刀刮除水分，再用乾布收掉鏡面上多餘水分即可。

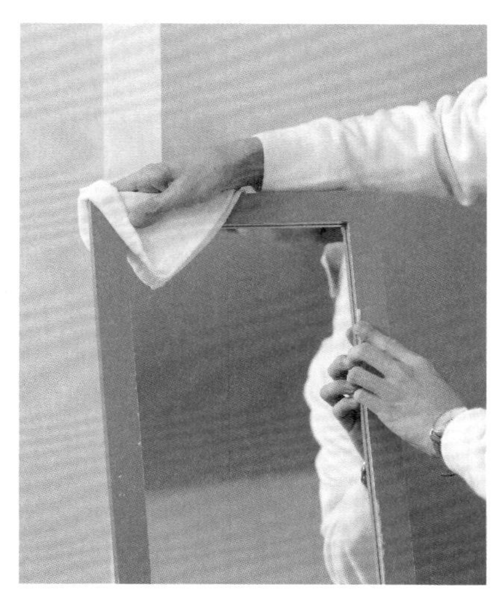

空間收納

臥房最重要的就是衣物的收納，如何在既有的收納空間，增加收納數量，是臥房區收納重點，以下提供幾個關於衣物收納的IDEA，相信可幫助增加收納量，也不用擔心衣服亂丟沒地方收。

KEY 1 收納空間不足，可試著向下發展，像是邊桌、床底空間，搭配適當的收納盒，就能發揮收納功能。

KEY 2 桌面不只有平面收納功能，將收納盒層疊，或利用抽屜式收納盒，都可增加收納。

KEY 3 衣物收納時，建議將衣、褲、襪、巾區隔開，並統一收納方式，會比較節省空間，同時也便於取用。

STORAGE

IDEA ① 雙重衣架收納法

衣櫥空間無法擴大，可利用鋁鐵罐的扣環，簡單增加收納功能。只要將扣環扣於衣架上，衣架便可再吊掛另一組衣物，建議每個衣架吊掛一組就好，以免吊掛過重而斷裂，也可以將要搭配的衣褲吊掛成一組，方便搭配取用。

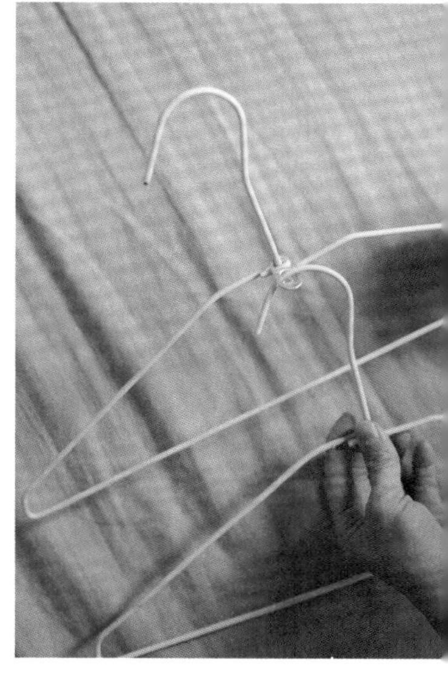

IDEA ② 掛飾、項鍊、小物收納

飾品這類小東西，經常使用不適合收在收納盒，但放著容易亂也容易遺失，為了讓耳環、手鏈可以吊掛，可將烤肉架等網狀類型物品釘在牆上，用來收納小飾品等小物，會有令人意想不到的好用與整齊。

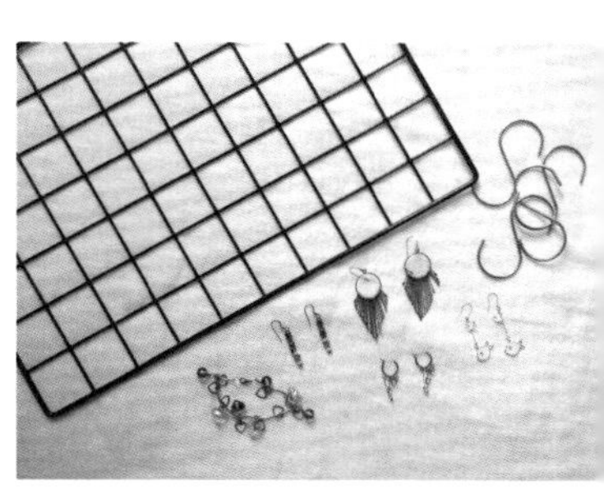

IDEA 3 衣架收納法

圍巾、絲巾因為長度大小不一，所以收納起來最麻煩，想方便取用又不佔據衣櫥空間，只要拿一個平常使用的衣架，將圍巾、絲巾綑綁在衣架上，就能簡單又收得整齊。

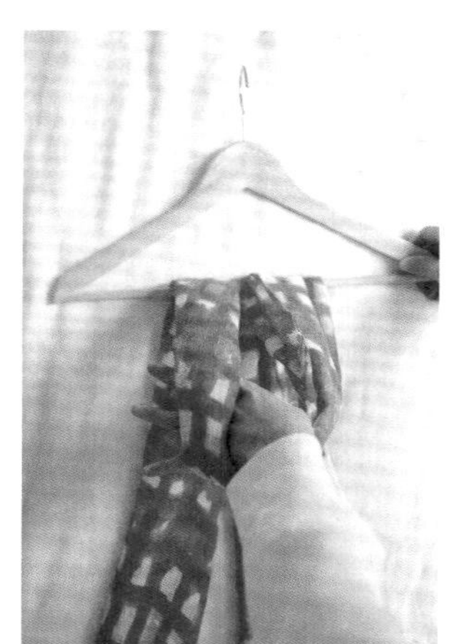

IDEA ④ 襪子收納法

以疊放的方式收納襪子，在取用時容易弄亂，而且襪子大小不同，也很難疊得整齊好看。建議使用分隔盒來收納，清楚辨識好拿取，且以疊放方式置入衣櫃，可大幅增加收納空間。

素材 分隔收納盒

作法

1 將襪子與收納格比對一下大小。

2 較短的襪子對摺兩摺後，開口向下放進收納格。

3 若襪子寬度大於收納格，在摺疊後，以直立的方式收進收納格。

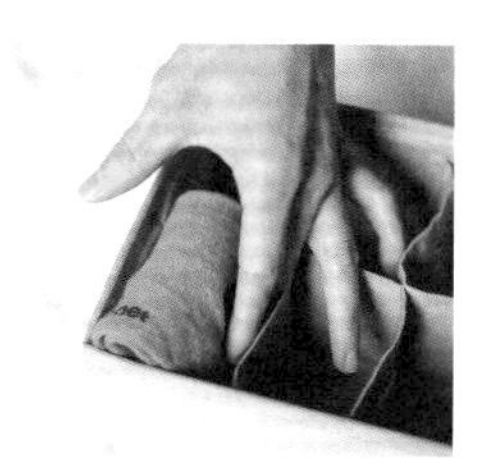

IDEA 5 口袋衣物收納

衣物是房間收納佔比最大的物品，此時只要改變平時摺衣服的方式，便可增加衣物收納數量與空間，不過切記有鬆緊帶的衣服，不適用於口袋衣物摺法，以免鬆緊帶因此造成損壞。

牛仔褲摺法

1 先將褲頭摺一摺。

2 再從褲管摺幾摺，收進褲頭。

3 最後整理一下，將拉鏈拉起來就可以了。

T恤摺法

1 將攤平的T恤對摺。

2 T恤下襬摺起一段，袖子同時往內摺。

3 接著從衣領處開始往下擺摺疊。

4 摺至下擺處，將衣服收進下擺即可。

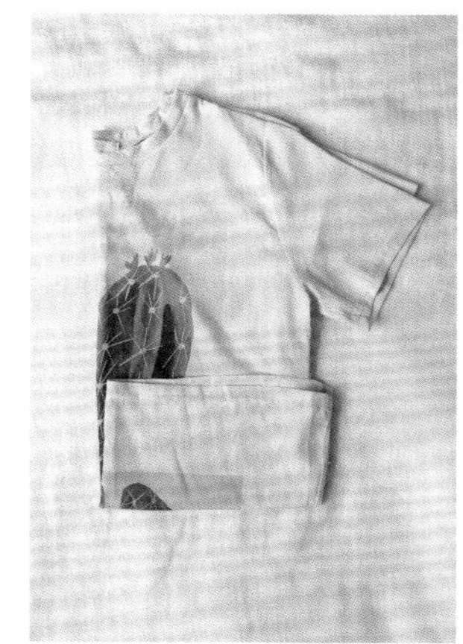

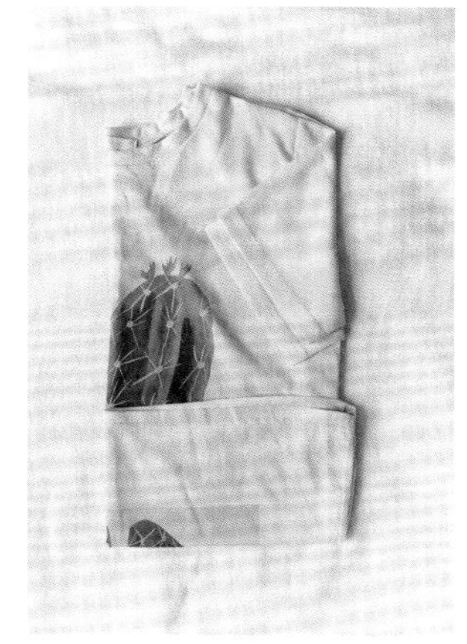

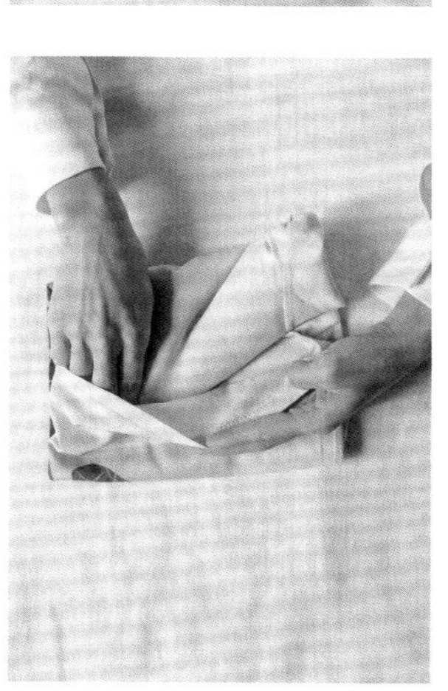

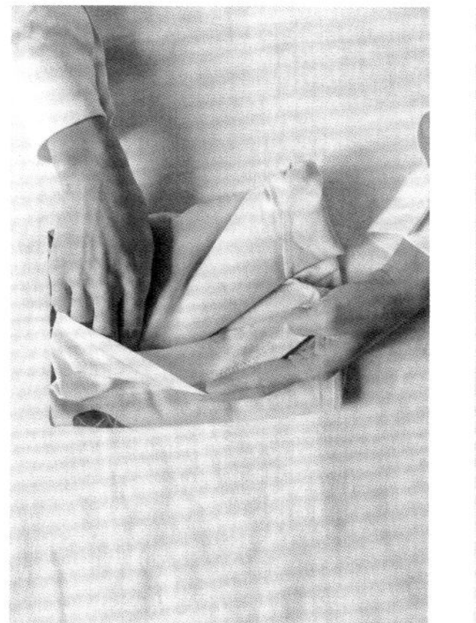

BATHROOM

洗去疲憊的浴室

浴室是讓我們將一天累積下來的髒汙洗淨，讓身心都可以感到清爽乾淨的區域，若是髒亂不堪，就無法達到放鬆的目的。建議把握洗完澡時間隨手做清潔，便可減少事後一次刷洗的難度。

Part. 6

清潔打掃

浴室是使用頻率極高的地方，長時間累積下來汙垢較厚重，所以打掃時掌握大原則先敷後洗。開始打掃前建議廁所物品先清空移出，地板垃圾、毛髮先掃乾淨，較方便清理同時避免堵住排水孔。

KEY 1 盡量讓浴室通風，或者使用完後立刻清潔，避免霉菌滋生，就可省去事後清除霉菌的困擾。

KEY 2 除了浴室空間打掃外，平時放在浴室裡使用的瓶瓶罐罐，也應隨手擦拭。

KEY 3 浴室裡使用的物品，像是臉盆等小東西，若沾水又不清潔會長黑斑，所以也要固定清潔。

CLEANING

彈力掃把

可掃除毛屑及刮除地面水分。

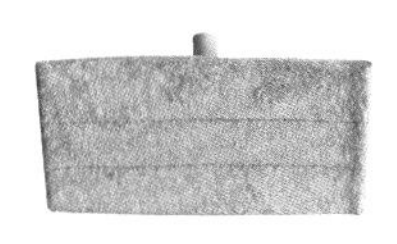

平板拖把

長度可伸縮方便擦拭天花板。

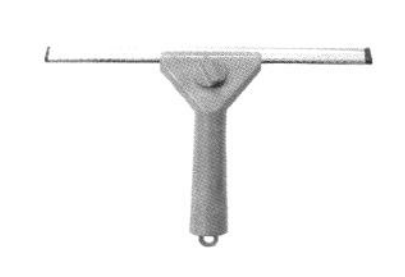

刮刀

刮除家具表面殘餘清潔劑、水分。

馬桶刷

刷洗馬桶的刷具。

地板刷

用來刷洗浴室地板。

白色菜瓜布

利用較細緻的刷面刷洗浴室牆面。

科技海綿

搭配清潔劑刷洗浴室玻璃拉門。

乾濕抹布

濕抹布擦拭汙漬，乾抹布收乾水分。

牙刷

刷洗小細縫、水龍頭及馬桶。

牙膏

可配合刷具沾取使用去除汙漬。

Step by Step

天花板

高處天花板清潔時，如果沒有梯子或不方便爬高，可以平板拖把做清潔，拖把布過水後擰掉過多水分，黏在平板拖把上，並均勻噴上清潔劑，便可開始擦洗天花板，擦洗後以乾的拖把布擦拭乾淨即可。

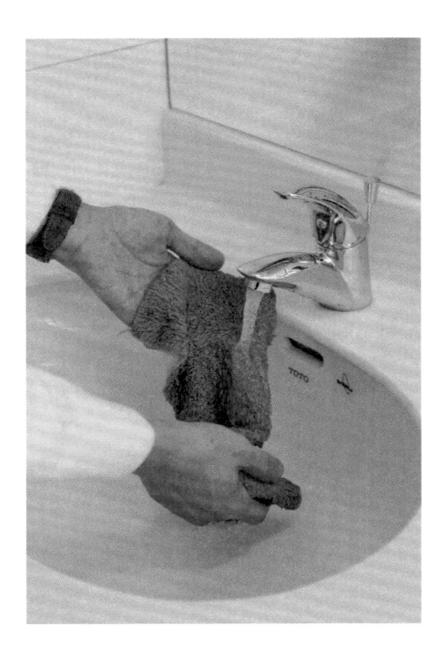

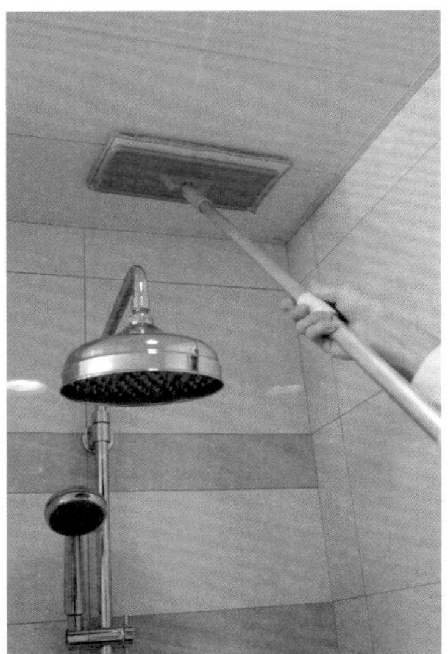

牆面

每天洗澡淋浴牆面多半累積了很多汙垢，當汙垢太厚重建議採先敷後洗（大理石等高級石材不適用），對著汙垢噴清潔劑後敷上衛生紙，留白部分清潔劑再補強，敷約15～20分鐘左右，時間如果允許衛生紙可換成餐巾紙，濕敷至隔天再刷洗，為了避免刷洗讓牆面有刮痕，使用清潔效果與軟硬程度中等的白色菜瓜布刷洗後，以蓮蓬頭清洗牆面，接著再以刮刀刮除水分，最後再用抹布擦乾磚縫，以免積水長霉菌。

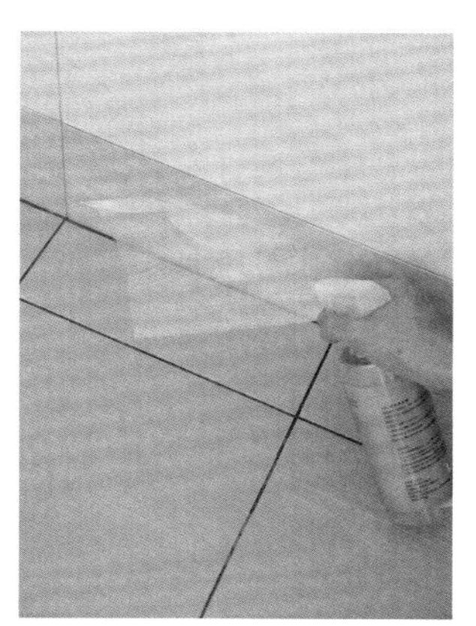

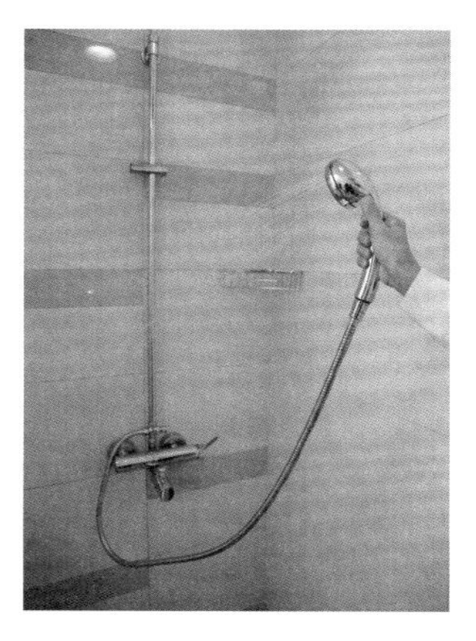

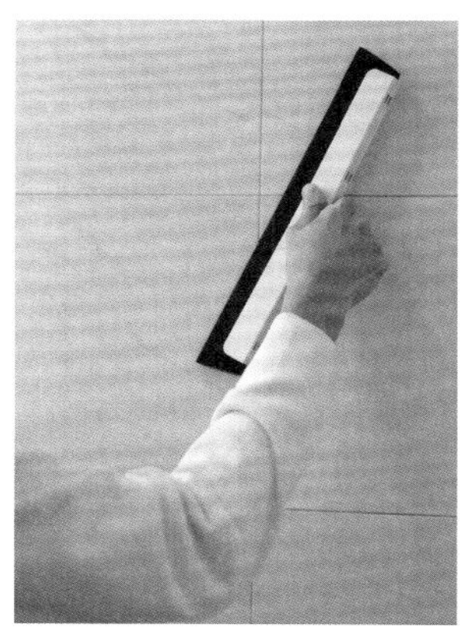

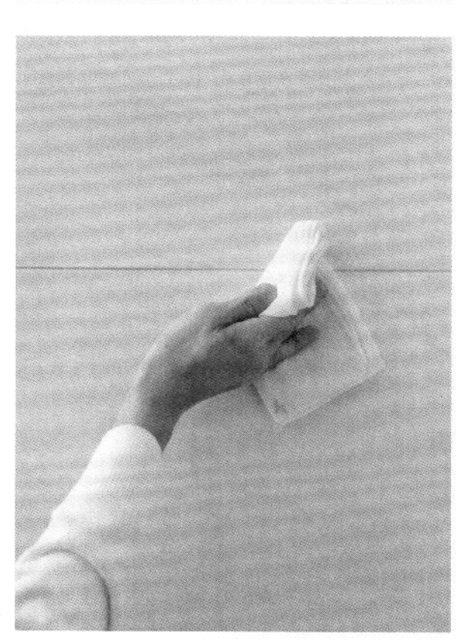

③ 玻璃門

要去除玻璃拉門上堆積的大面積霧霧白白的皂垢，首先在拉門上噴上清潔劑，然後再以科技海刷洗門片、把手，門片軌道以牙刷清潔，刷洗結束以清水沖乾淨，並利用刮刀刮除水分，最後再以乾抹布將門片、把手等地方做收乾。

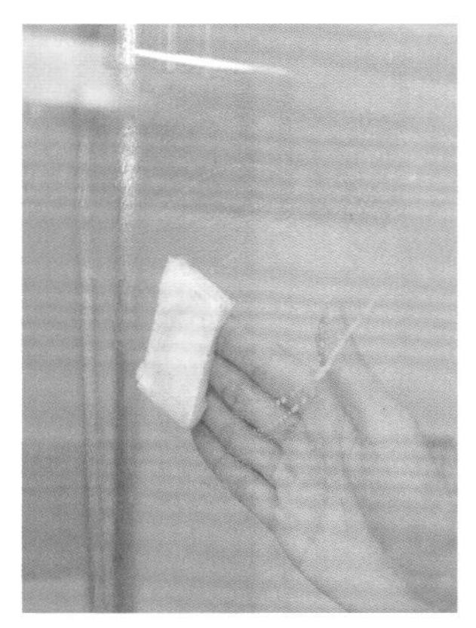

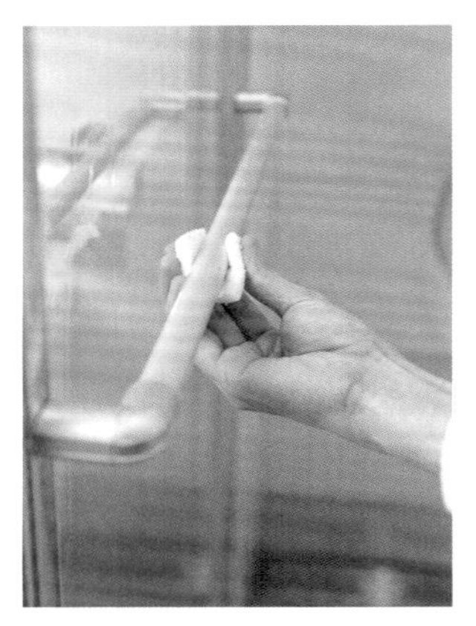

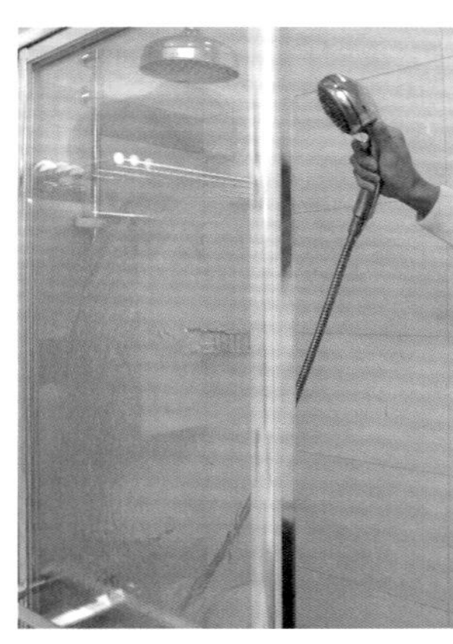

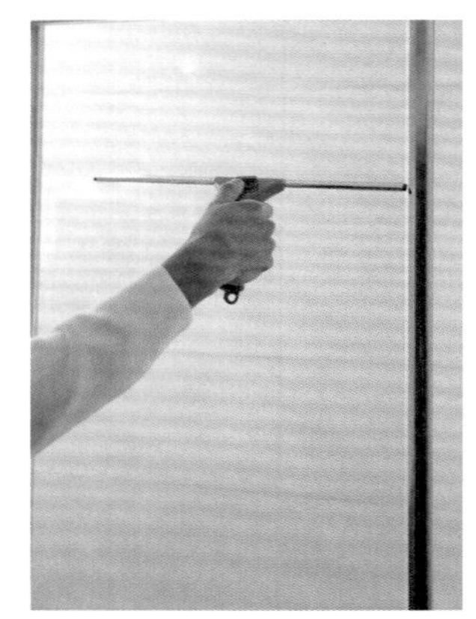

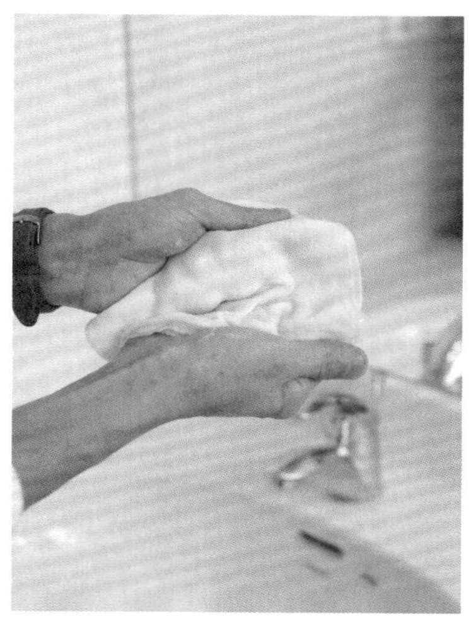

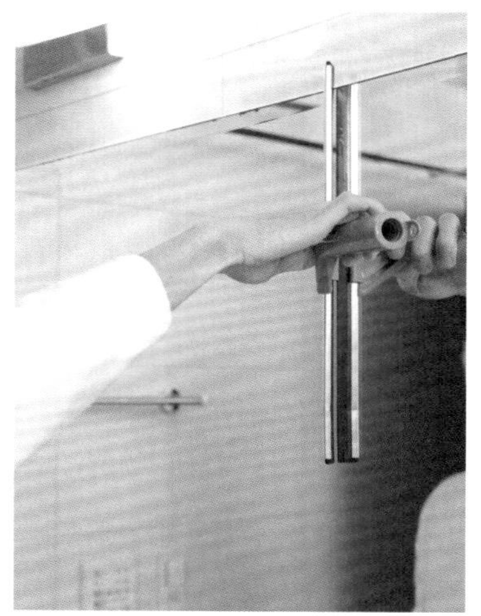

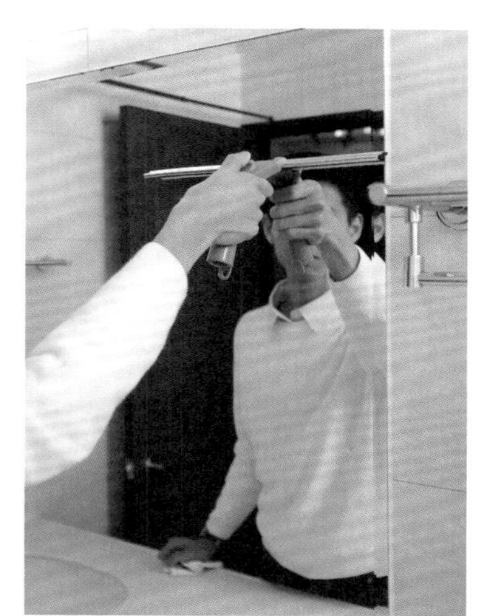

鏡面

先在濕度約中等濕的抹布擠上少許洗手乳，搓揉起泡後塗抹在鏡面上，接著再用刮刀刮除，刮刀先以橫向刮除至三分之二處改為直向刮除，以免水分滴漏至免治馬桶，待鏡面全部刮除乾淨後，以乾抹布收乾玻璃四個邊以及小水痕即可。

⑤ 洗手檯

以科技海綿沾濕沾少許牙膏開始刷洗檯面、洗水槽、水龍頭等，水龍頭容易沾附水垢，造型彎曲不易清洗，此時可使用準備丟棄的牙刷或柔軟的菜瓜布，沾些許牙膏刷洗，即可有效去除水垢，除此之外，最容易被忽略的水龍頭出水口，要記得用鉗子轉開做刷洗。待洗手檯全部刷洗好，以清水沖洗乾淨，接著以濕抹布擦拭，瓶罐記得擺放前也要擦拭。

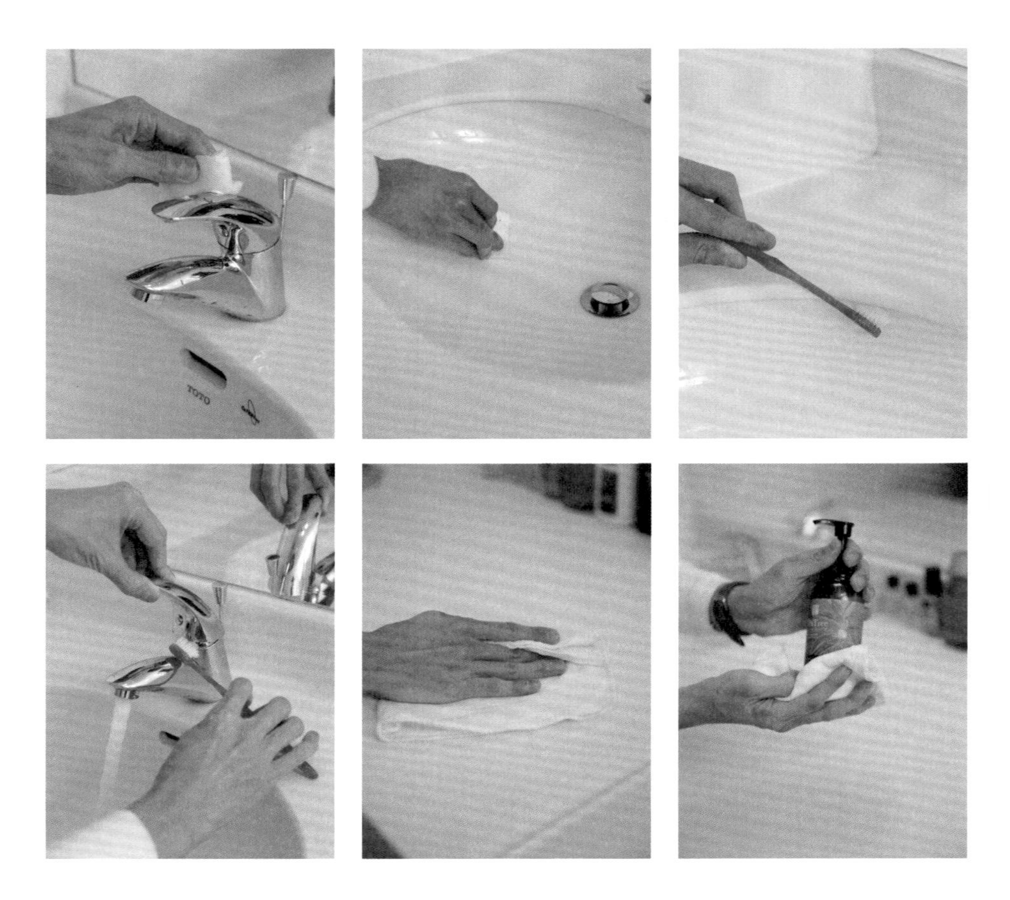

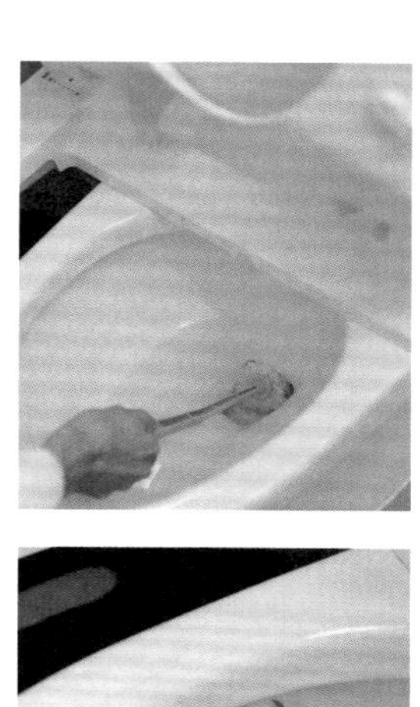

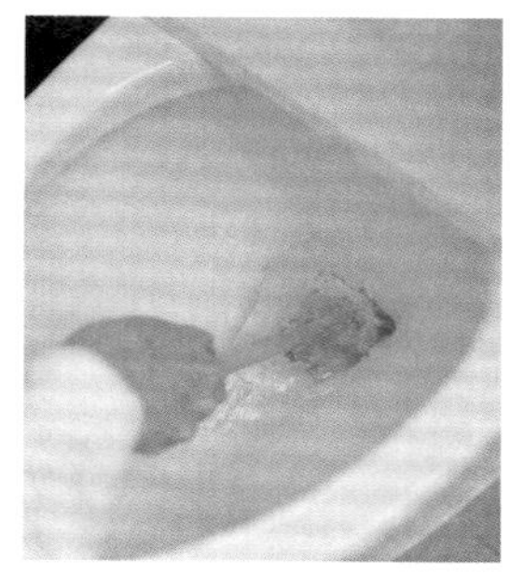

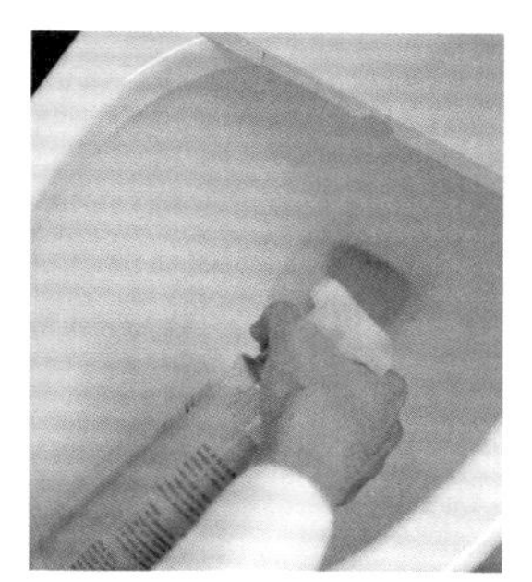

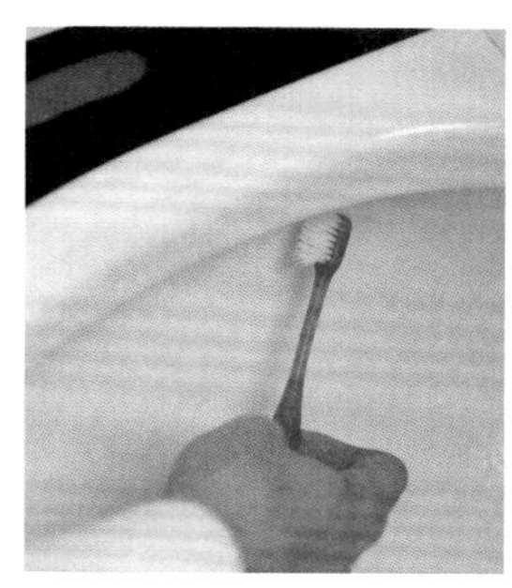

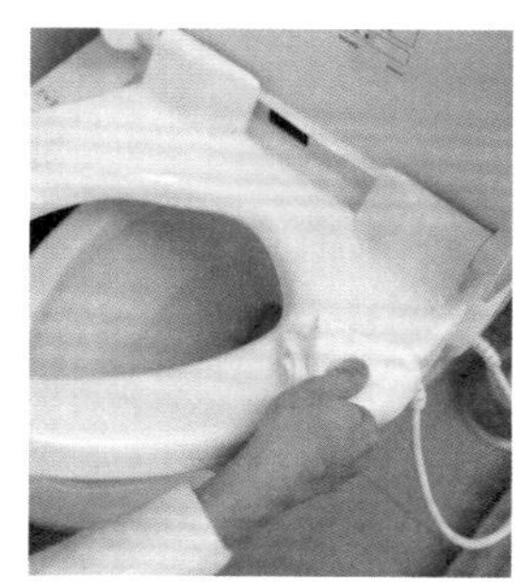

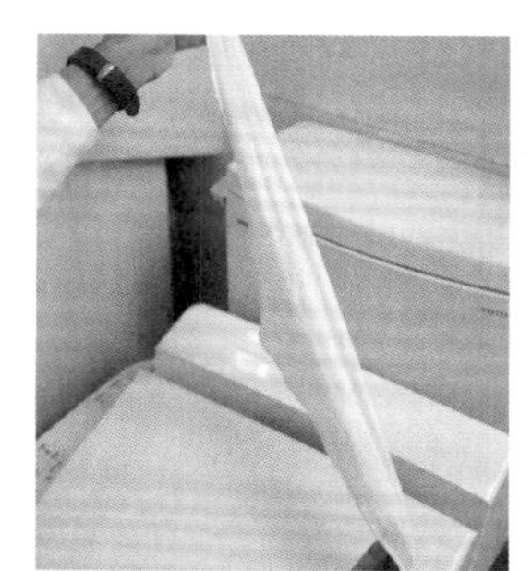

馬桶

馬桶內部水位滿的地方有一圈尿垢，直接噴清潔劑刷洗會被水稀釋效果有限，所以先拿馬桶刷對馬桶中間出水口快速來回戳洗使水位下降，水位下降後清潔劑由上往下噴灑，均勻淋在馬桶內部，馬桶內緣出水口處最易藏汙納垢，可以多噴灑一些，噴完清潔劑後，靜置約10～15分鐘，汙垢較重可靜置至30分鐘，接著再進行刷洗，出水口以牙刷刷洗比較好刷。馬桶外部要特別留意坐墊蓋子周圍縫隙，還有馬桶下方跟後方；免治馬桶因有感應器面板插頭等，要避免用水大量沖洗，外部清潔以抹布擦拭為主，若有大量灰塵或毛髮可先以除塵紙除塵後，再以抹布擦拭，縫隙較深處可使用除塵撢的桿子包抹布，或是將抹布拉對角呈現長條狀擦拭。

地板

浴室地板可分為乾區和濕區，乾區以彈力掃把掃除地上灰塵、碎屑即可，淋浴區則要先以地板刷刷洗地板，最後再以彈力掃把將地面的水份刮除收乾。

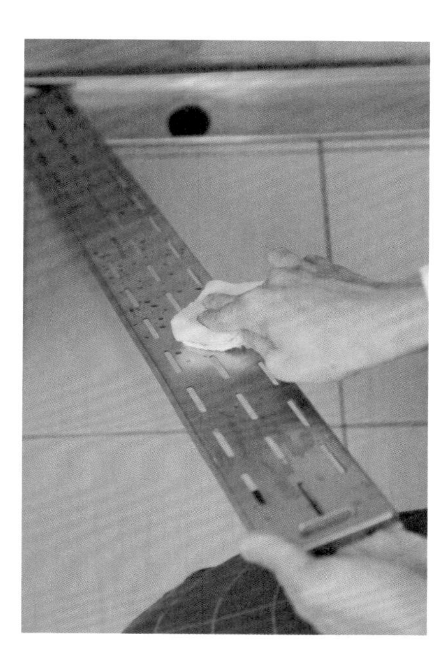

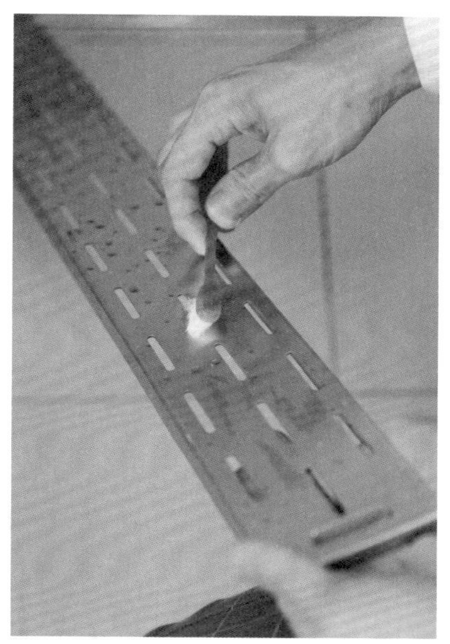

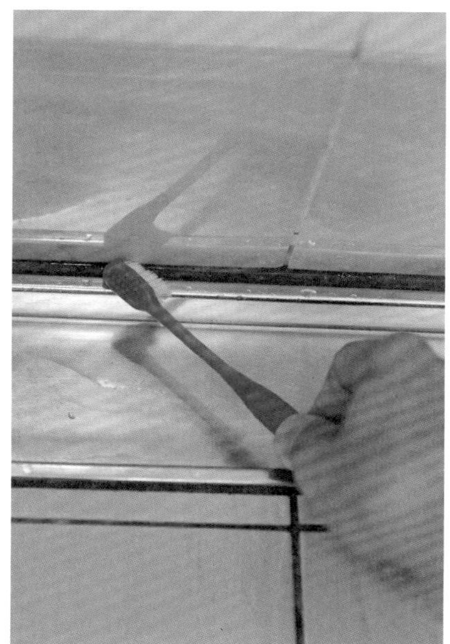

排水孔

地板刷完後最後再來清理排水孔，首先將排水孔螺絲取下，若是長條排水孔，先以白色菜瓜布刷洗蓋子，再換牙刷刷洗孔洞、細縫，最後以彈力掃把將地面的水份刮除收乾即可。

空間收納

濕氣重又容易發霉的浴室，選擇收納盒時，最好選擇防潮好清潔的材質，並盡量維持衛浴空間的通風，如此可減少發霉機會，至於沐浴用品的瓶瓶罐罐，使用完要隨手擦拭，如此便可減少黏膩。

KEY 1 經常使用的瓶罐、洗漱用具，應收納在隨手可得的位置，減少取用不便。

KEY 2 淋浴區與洗漱區的收納位置，可安排在約上半身活動範圍，這樣可減少彎腰拿取，使用起來更為舒適。

KEY 3 衛浴空間不大，不適合使用大量櫥櫃，因此可善用壁面空間，應利用市面販售收納小物，增加收納功能。

STORAGE

無痕拖把夾

拖把收納容易東倒西歪不好收，若不想在牆面鑽洞，可利用無痕拖把夾輕鬆固定，如此能不佔空間做好收納，而且也避免拖把頭碰到地板弄髒地板，除了拖把，也適合收其他長桿類的清潔工具。

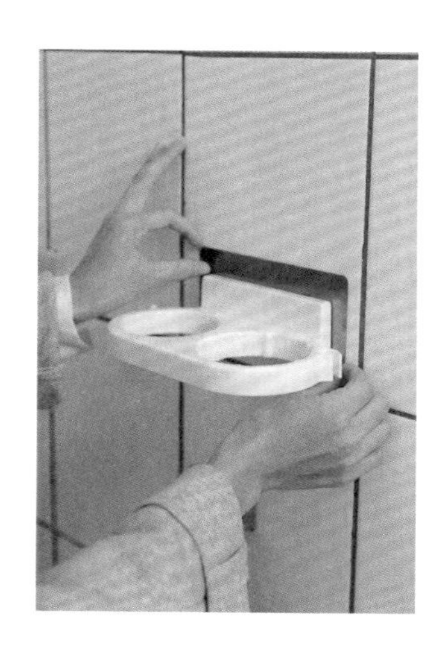

IDEA 2 洗漱用品收納

牙膏、刮鬍刀、牙刷等物品若無櫥櫃可收納，不妨採用無痕式收納架，可選擇兩洞口款式，另一洞口可收吹風機。

IDEA ③ 無痕肥皂架

用完的肥皂總是濕濕黏黏，而且容易變軟，建議選擇條狀鏤空設計的肥皂架，貼在可隨手取用的牆面，鏤空設計可避免肥皂因長期浸在肥皂水裡軟化。

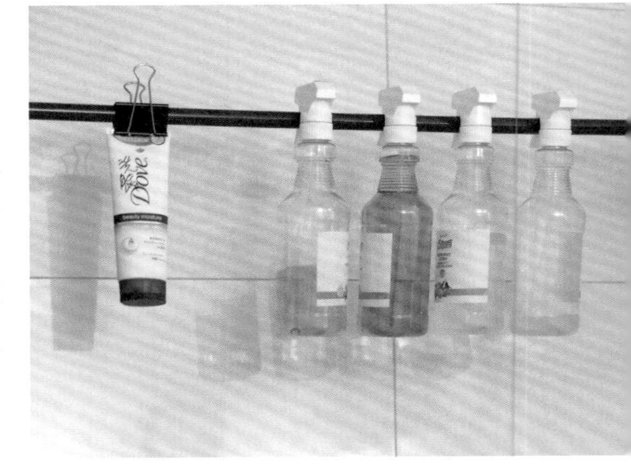

IDEA ④ 伸縮桿收納

浴室裡經常有瓶瓶罐罐類要收納，此時可先拿一支伸縮桿，長度視想收納的區域，將伸縮桿頂在二個牆壁間或者櫥櫃裡，然後將附噴頭的罐子掛上去，若是軟管類，則用長尾夾夾住即可。

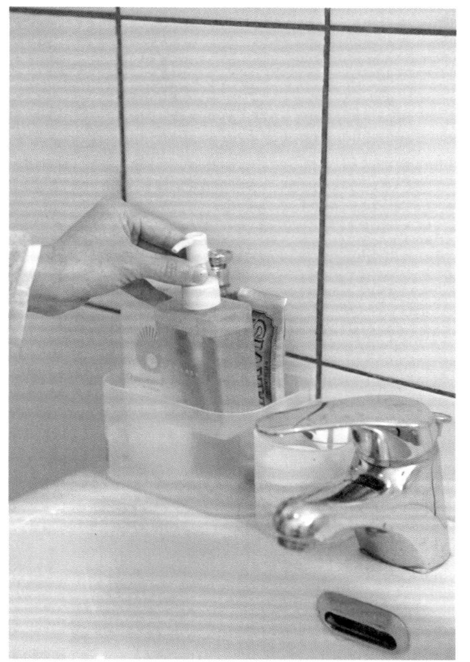

IDEA 5 洗手檯面架

洗面乳、化妝水、造型用品等，經常常會散落在洗手台，其實，只要用一個塑膠收納盒統一放置，就會有意想不到的整齊效果，不過建議選用有防水功能的塑料，髒了比較好清潔。

收納打掃

Q.A

Q1 地板碎屑毛髮使用衛生紙捏起來時總是捏不乾淨？

A 大家都有拿衛生紙捏起地板上小碎屑或是毛髮的經驗，但是捏垃圾時不是很費力就是捏不乾淨，過去大家多是將衛生紙摺好沾水，手掌出力貼近地板將垃圾捏起，現在可以試試，先將地板垃圾集中後，拿起整理家務的濕抹布，輕擰幾滴水在灰塵垃圾上面，拿2～3張蓬鬆的衛生紙以手指輕握，從垃圾周圍開始以S型擦拭將垃圾捏起，關鍵在於有水分的並非衛生紙而是垃圾本身，再來衛生紙保持蓬鬆力道輕捏，加上S型收法，垃圾就會乖乖聽話跟著走。

Q2 遇到寵物換毛，家裡到處是毛，要怎麼清才乾淨？

A 寵物換毛時家裡總是充斥著掉落下來的細毛，如何清理這些細毛，確實讓人很傷腦筋。其實想要輕鬆清除毛髮，基本上建議使用吸塵器效果會比較好，但家中若沒有吸塵器，在使用傳統掃把時，套上絲襪後再做掃除動作，便可將毛髮輕易掃起來，或者也可使用彈力掃把，不同於傳掃把的掃把頭設計，可確實清潔毛髮，只是不適用於磁磚縫細太多或凹凸不平的地板。

Q3 為什麼拖完地，還是有一堆灰塵殘留在地板上拖不乾淨？

A 當我們拖地時，一般都會將拖把來回擦拭地板，來回擦拭反而會將垃圾來回帶，所以拖完地的時候，地板仍會殘留灰塵、碎屑。建議拖地時可採用S型拖法，利用S轉彎方式將垃圾沿路帶走中間不停留，這樣地板就能拖得輕鬆又乾淨。

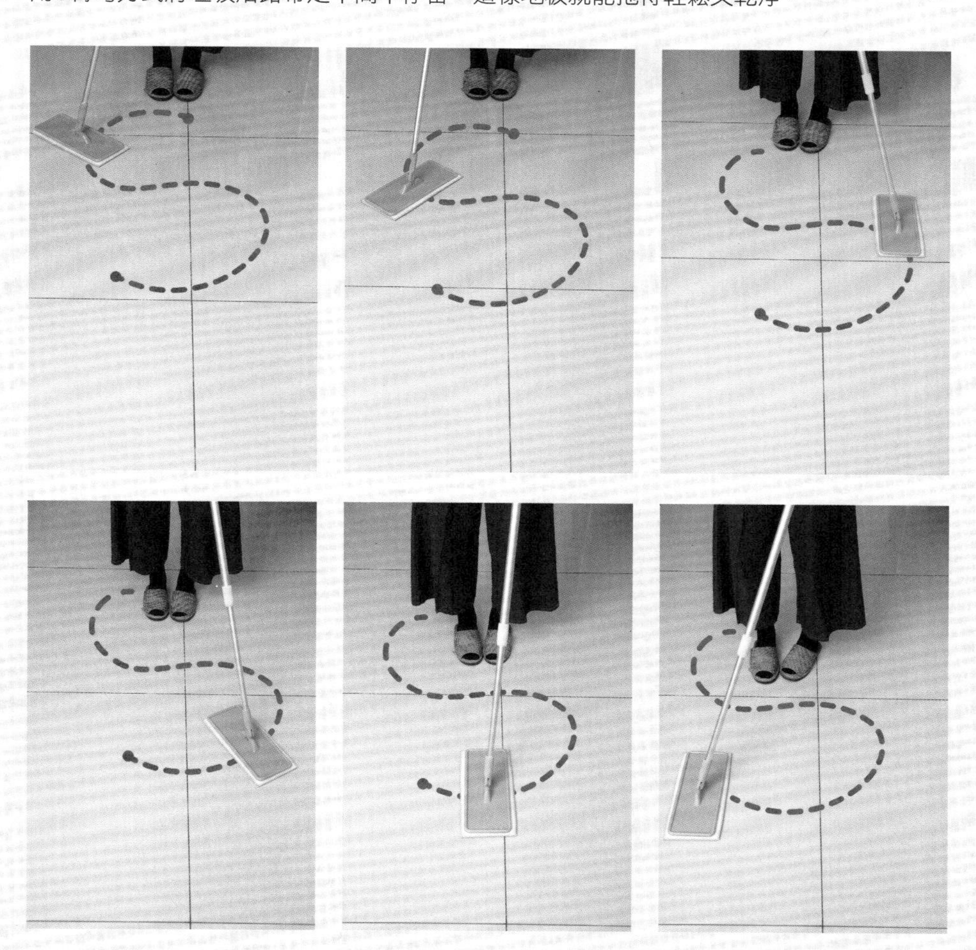

Q4 用掃把掃地，為什麼掃一下，就覺得手痠或用起來不順手？

A 掃把使用時是將手的力量加在桿子上帶動掃把頭集中垃圾，所以相對地，如果握在不適合自己的位置，不只掃得費力垃圾也不易集中。現在不論是拖把還掃把，大多都可調整桿子長短，所以先依照個人身高將桿子高度調整至胸前高度，這樣的高度握起來掃地會比較順手、省力。

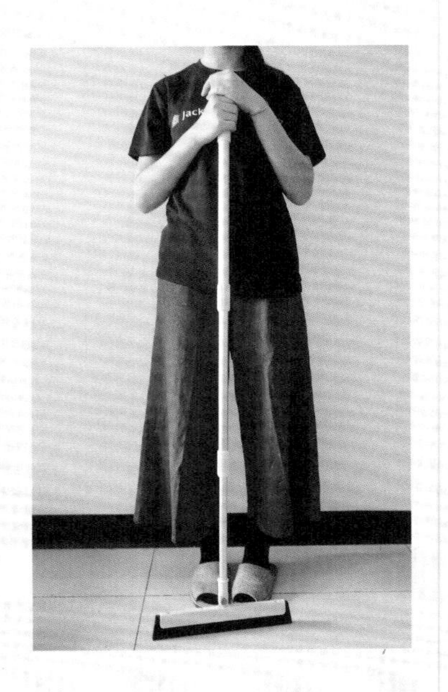

Q5 刷洗地板泡沫一堆，為什麼花了好多時間沖水還沖不乾淨！？

A 地板刷洗過程會產生大量清潔劑泡沫，這時如果直接用水沖泡沫，會隨著水柱沖洗強度泡泡反而會愈沖愈多，應該先利用刮刀、彈力掃把等工具，將泡沫刮到排水口，當地板泡沫量變少之後，再開始用水沖刷，如此才能減少泡沫愈沖愈多的困擾。

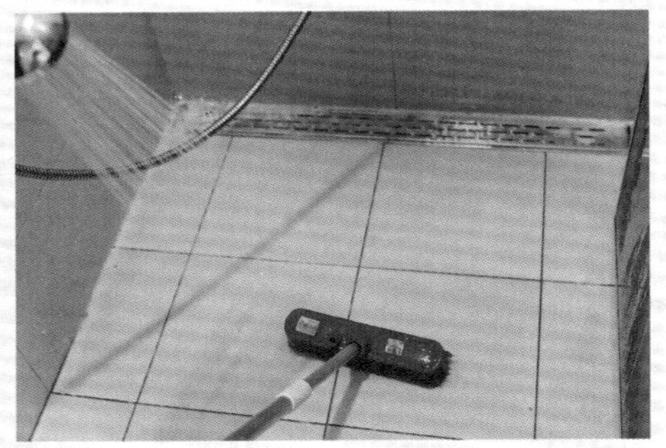

Q6 抹布、拖把使用完後，上面殘留的小碎屑、毛髮很難洗掉，該怎麼辦？

A 碎屑、毛髮會黏著在布面上主要是因為纖維之間的勾扯、靜電效果，以及清除汙垢後有油脂停留在纖維與碎屑間造成黏著。想快速洗去布面上黏著的碎屑、毛髮，可以拿牙刷或軟毛刷邊洗邊刷，如此可以洗去部分碎屑與毛髮；但如果要消除大部分的碎屑與毛髮，建議可將抹布、拖把布浸泡於肥皂水中五分鐘，再用刷子刷除碎屑與毛髮。

Q7 清潔玻璃鏡面的好幫手刮刀，為何使用起來總是不順手，而且刮完鏡面還是會有水痕？

A 刮刀的收水概念是靠膠條的斜面刮除水分，所以使用時角度應保持傾斜（手放低）不宜太垂直（手抬高），從下刀到最後力道要一致，盡量不要忽大忽小。刮刀使用時膠條上面會殘留水分或清潔劑，直接再刮下一刀，膠條上的水分會與玻璃鏡面互相沾黏而容易產生水痕，所以要搭配乾抹布，每刮一刀就要以乾抹布擦拭刮刀，刮刀忌諱乾刮，所以鏡面或玻璃本身的水分不宜過少，過少膠條不易帶動刮刀，一來刮不乾淨，二來傷膠條，刮刀使用完畢應擦拭乾淨掛起來或立放，避免膠條平面放置接觸檯面受損。

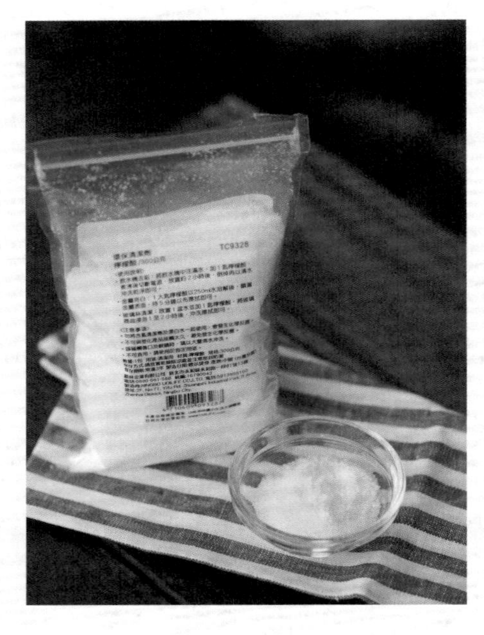

Q8 常聽到用蘇打粉做清潔打掃，但食用蘇打粉和工業蘇打粉，到底該用哪一種？

A 基本上小蘇打粉可分成食用和工業用兩種，食用蘇打粉PH值8.1，工業用蘇打粉PH值11，由於具鹼性特性，因此常用於居家清潔，像是清除地毯上髒汙，或是加在水裡，做為刷洗瓦斯爐油垢的清潔劑，都有不錯的清潔效果。不過一般用於居家清潔，建議選用PH值較低的食用小蘇打粉即可，因為鹼性較弱，相對地也比較安全。

Q9 蓮蓬頭用久了也會髒，但要怎麼清理才好？

A 蓮蓬頭用久了一樣會堆積汙垢，而這些汙垢會將出水孔堵塞，導致出水不順暢，因此也別忘了定時清潔。清潔方法不難，只要將醋水倒入塑膠袋綁在蓮蓬頭上，靜置一段時間，醋便可分解蓮蓬頭中的汙垢，如此就可達到清潔效果。

Q10 客廳或浴室磁磚地板上一圈一圈白色汙垢，用地板刷刷洗不掉怎麼辦？

A 清潔劑長久停留在石材表面，清潔劑將會慢慢滲入石材毛細孔，因此家裡若使用較高級的石材，建議不要要濕敷的方式，讓清潔劑停留在石材表面過久，而石材的毛細孔大多比地板刷毛細小許多，也無法以地板刷刷洗掉，建議試著用科技海綿搭配去汙膏反覆以畫圓圈的方式清除，基本上可以消除掉大部份汙痕，但若白垢已經經年累月難以消除，則需請廠商用研磨機來打磨地板。

Q11 油漆牆面上的汙漬要怎麼去除？

A 一般普通水泥牆上面有汙漬，可用科技海綿沾濕擦拭，但如果是較髒的汙垢可搭配去汙膏，也有不錯的效果，不過要特別注意，使用科技海綿擦拭水泥牆一定會磨掉一點漆，因為科技海綿去汙方式是採物理原理，所以下手注意不要太重，建議在小區塊清潔後，先用抹布擦乾觀察一下，若是汙垢去除得不夠乾淨，再慢慢加重擦拭力道。

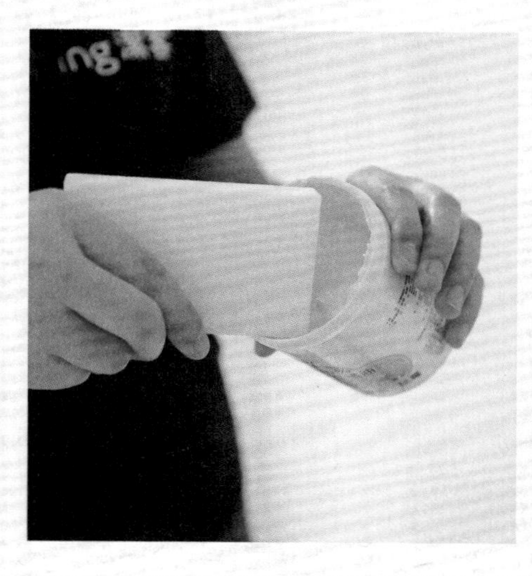

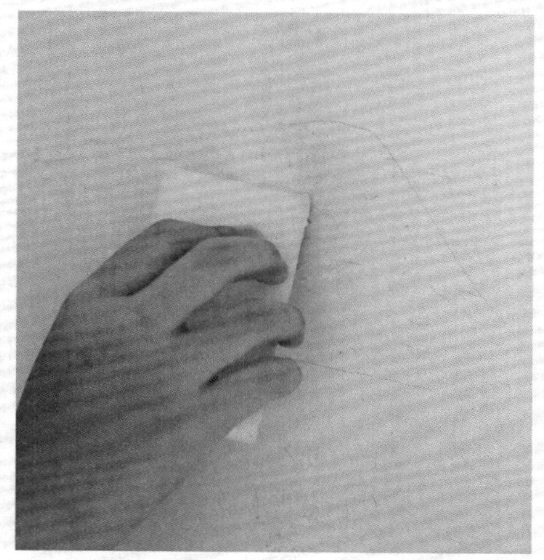

Q12 沙發殘留了很多髒汙，擦都擦不掉，有沒有什麼方法？

A 一般來說布質沙發因為纖維與毛細孔較大，容易藏汙納垢，人體或動物的油脂也會在積年累月下吸附進去造成沙發有色差。處理的方式很簡單，首先將小蘇打粉均勻的灑在沙發表層，髒汙程度較重的地方多灑一點，再將水噴灑在沙發上，靜置約10分鐘讓小蘇打粉吸附髒汙與油脂，10分鐘過後利用吸塵器吸吸除，如此反覆幾次便可消除沙發上的髒汙，注意噴灑水量不可過多，以免過多水分造成吸塵器故障。

Q13 廢棄的大型家具想清理，但不想花錢請清運公司該怎麼辦？

A 一般來說請一次清運公司出車一趟約要NT.1500～4500元不等（看車型大小），好處是廠商會到府幫忙搬運自己不用花力氣。然而若是想省錢或是只有一、兩件家具想丟掉該怎麼辦？其實政府有協助廢棄家具的清運，只要聯繫各地的「清潔隊」，上網查詢你住家的行政區是哪一個清潔隊管轄，約定時間他們就會幫你收走，不用花錢，缺點是你必須先把廢棄家具搬運到一樓的路邊。

Q14 實在是不想自己動手，如果要請外面的清潔公司，價格怎麼計算？

A 現代人生活忙綠，但也愈來愈追求生活品質，花小錢省時間已經是稀鬆平常的事，一般居家清潔公司不外乎以「鐘點」計費或是「專案估價」計費，然而不論是何者，有鑑於每個人對於乾淨與整齊的標準往往比較主觀，在可接受的價格範圍內，務必要與業者清楚的「溝通」。以鐘點計價的方式通常一個人一小時落在NT.300～600元之間不等，優點是價格清楚明瞭，缺點是可能不曉得要掃多久；而專案報價的優點是包準清到好，但缺點是價格往往相對較高（其實專案的報價背後也是計算需要幾個人力幾個鐘頭，價格溢出是因為對方幫助你衡量家裡要掃多久）。

Q15 馬桶常常刷完一個禮拜後上面又有明顯的髒垢，為什麼會這樣？

A 剛出廠的馬桶一般表層都會有釉器塗料，形成一個平滑的表面讓尿垢、髒汙，在每次沖水過後都可以順利被沖洗掉，然而如果馬桶常常刷洗完後很快又出現髒汙，代表表層的塗料已經漸漸消失。解決的方法是到漆料行或是居家DIY賣場購買釉器塗料，把馬桶完整刷洗一次後，塗上釉器塗料靜置約1小時，一個禮拜後感覺就會非常顯著。

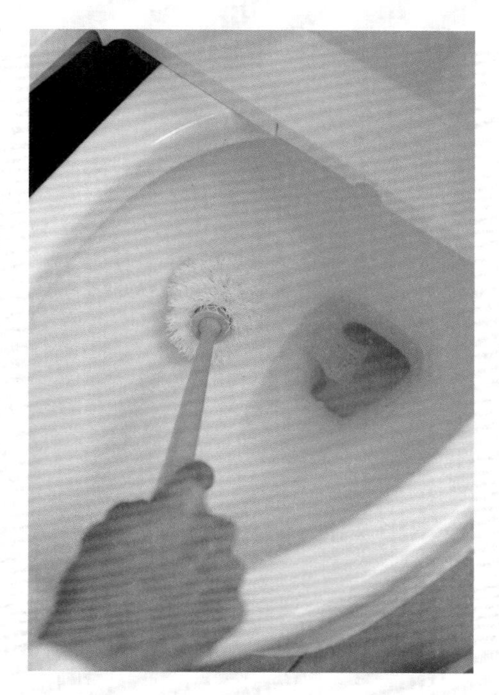

Q16 每年年終大掃除，不只費時費力，有時還掃不乾淨，有什麼辦法可以不用年終掃除，又保持家裡乾淨？

想讓家裡維持整齊乾淨，説難不難説簡單又不簡單，不過如果可以做到以下幾個小習慣，可以讓你不用再做痛苦的年終掃除。

1. 丟掉不必要的東西：「斷捨離」是保持居家整潔的最簡單方式，勇於捨棄用不到的物品，雜物少清掃起來自然也容易得多，整潔的維持就會簡單許多。
2. 幫每個東西決定專屬的位置：每個物品都應該有歸屬的位置，不只未來找東西簡單很多，最重要的是，一旦物品有了家，也會下意識隨手物歸原處。
3. 邊用邊收，邊做邊掃：試試看一邊煮一邊洗碗，一用完就先收好，不只煮飯，做任何事情不要等全部用完再一起整理，一邊用一邊收拾，不自覺會發現整理環境輕鬆許多。
4. 打掃的習慣：養成隨手清理收拾的習慣，一到兩週再做家中環境的重點清潔就好，每次小型的清潔都清掃不同的重點區域即可。
5. 打開房間的門窗：打開房門避免關上門就眼不見為淨，因為門打開家中變成一個半開放式的空間，會發現家裡變大變乾淨了。

Q17 細縫超多的電腦鍵盤要怎麼清？

A 一般清潔道具難以刷去小縫隙裡的灰塵、碎屑，所以可自行自製簡易的道具來做清潔。首先拿一張不要的名片，在正反兩面都黏上雙面膠，然後將黏了雙面膠的名片在鍵盤縫隙處做刷卡動作，輕薄的紙片可深入縫隙，藉此將隙縫處的垃圾黏起，藏在鍵盤裡的髒汙也就可以簡單清理掉。

Q18 市面上強調科技海棉可以去除汙漬，但聽說有毒，是真的嗎？

A 科技海綿成分是美耐皿分子製成，在不使用化學清潔劑的情況下配合水及摩擦作用，以物理性方式去除汙垢。雖說應用方式簡單且可快速去汙，但若是使用方式確誤，就可能會釋放出「三聚氰胺」危害人體。因此使用時切記不能用超過四十度的溫熱水，不能沾到油汙，也不能直接用來搓洗蔬果表面及鍋碗瓢盆，去汙後的用品，最好也要再用清水沖洗過會比較好。雖說科技海綿須小心使用，不過用在清潔浴廁、洗手檯、水龍頭、櫥櫃、牆壁磁磚等地方，尤其清潔白球鞋都有不錯的清潔效果。

國家圖書館出版品預行編目（CIP）資料

高效清潔收納術：潔客幫親授打掃技巧，step by step 照著步驟做，輕鬆打掃不費力／潔客幫作. -- 初版. -- 臺北市：臺灣東販，2018.03
128 面；17×23 公分
ISBN 978-986-475-607-0（平裝）
1. 家政 2. 家庭佈置
420　　107000738

高效清潔收納術

潔客幫親授打掃技巧，step by step 照著步驟做，輕鬆打掃不費力

2018 年 3 月 1 日　初版　第一刷發行
2024 年 7 月 15 日　初版　第二刷發行

作　　者　潔客幫
編　　輯　王玉瑤
封面&版型設計　瑞比特設計
特約美編　蘇韵涵
攝　　影　Amily
發 行 人　若森稔雄
發 行 所　台灣東販股份有限公司
地址　台北市南京東路4段130號2F-1
電話　(02)2577-8878
傳真　(02)2577-8896
網址　https://www.tohan.com.tw
郵撥帳號　1405049-4
法律顧問　蕭雄淋律師
總 經 銷　聯合發行股份有限公司
電話　(02)2917-8022